基于 MATLAB 和 LINGO 的数学实验

肖华勇　编著

西北工业大学出版社

【内容简介】 本书介绍了 MATLAB 和 LINGO 的常用编程方法。书中设计的数学实验既有趣味数学问题实验，高等数学的微积分实验，线性代数的矩阵运算和求解方程组实验，概率中的模拟实验和中心极限定理实验，也有微分方程实验和应用广泛且有实用价值的神经网络实验，还有充满趣味的数字水印实验、数独实验。所有这些实验都是简单介绍原理，然后强调应用，并有完整的程序实现，便于读者直接上机实验。本书内容广泛，但并不追求高深理论，程序简洁易懂，让使用者容易掌握，做到学有所获。

本书可作为高等学校本科数学实验教材，也适合于读者自学。学习本书可为数学建模的学习打下一个良好的基础。

图书在版编目(CIP)数据

基于 MATLAB 和 LINGO 的数学实验/肖华勇编著．—西安：西北工业大学出版社，2009.3
(2014.7 重印)

ISBN 978-7-5612-2535-6

Ⅰ．基…　Ⅱ．肖…　Ⅲ．高等数学—实验—算法语言—应用软件，MATLAB、LINGO
Ⅳ．O13-33　O245

中国版本图书馆 CIP 数据核字(2009)第 034827 号

出版发行：西北工业大学出版社
通信地址：西安市友谊西路 127 号　　**邮编**：710072
电　　话：(029)88493844　　88491757
网　　址：www.nwpup.com
印 刷 者：兴平市博闻印务有限公司
开　　本：787 mm×1 092 mm　1/16
印　　张：9.375
字　　数：223 千字
版　　次：2009 年 3 月第 1 版　　2014 年 7 月第 3 次印刷
定　　价：19.00 元

前 言

大学生进入大学，通过一年多的时间学习了高等数学、线性代数和概率。然而这些知识都过分偏重理论和计算，缺乏自己动手进行计算机实验的实践内容，难以获得许多直观的效果。用笔进行的计算通常比较繁杂，不如在计算机上采用功能强大的软件计算来的简捷、便利、范围广。要对这些知识获得更加全方面的体会，就需要通过计算机上的数学实验达到这个效果。

比如，高等数学中关于一个方波的傅里叶展开只给出函数，难以获得直观的效果，然而通过计算机作图得到不同阶下的逼近效果，就可以获得直观的感受。又如，概率中的中心极限定理，书中一般是直接给出了定理。那么对定理中所述的在不同分布情形下多个随机变量的和的分布图形究竟是什么样的，难以理解，若用计算机作出不同个数随机变量的和的分布图形，就让人对中心极限定理有一个直观清晰的概念。这样，通过计算机实验，可以达到理论和直观的完美结合。对概率中的许多复杂的计算，其结果到底对否，怎么验证，或者不知道理论计算时怎么做，等等问题，通过随机模拟实验就会给出一个相当满意的回答。它既可以与理论计算相互印证，同时还可以解决许多理论上很难计算的问题，显示出计算机模拟的优越性。

因此，数学实验是通过学习、利用数学以获得对复杂数学问题直观感受的一个很好的途径(当然并非每一个数学问题都可以如此)，而且再借助相应软件的使用，可以大大增强计算和公式推导的能力。

另一方面，许多大学生都渴望学习数学建模，并积极参加数学竞赛。而学好数学实验，掌握相应数学软件的使用，提高自己利用计算机计算的能力，无疑为学习数学建模，提高自己数学建模能力，打下了一个很好的基础。

在笔者看来，数学实验的地位起着一个承上启下的作用。承上，就是承接高等数学、线性代数和概率，使这些知识得到实验和应用；启下，就是为数学建模解决许多实际问题打下良好的基础。

本书选取的许多实验都十分有趣，其中的数学理论不复杂，编程也不难，十分便于学生学习和实验。通过本书学习，可以使学生对数学获得一种新的认识，增强自己的动手能力，同时在编程和数学软件的应用方面得到相当大的提高。

肖华勇

2008 年 9 月

目　录

第一部分　MATLAB 使用简介

MATLAB 是美国 Math Works 公司在 20 世纪 80 年代中期推出的数值计算软件，优秀的数值计算能力和卓越的数据可视化能力使其很快在数学软件中脱颖而出。到目前为止，已经推出 MATLAB 7.0。

MATLAB 的主要特点：

(1) 有高性能数值计算的高级算法，特别适合矩阵代数领域；

(2) 有大量事先定义的数学函数，并且有很强的用户自定义函数的能力；

(3) 有强大的绘图功能以及具有教育、科学的图解和可视化的二维、三维图；

(4) 有基于 HTML 的完整的帮助功能；

(5) 采用适合个人应用的强有力的面向矩阵(向量)的高级程序设计语言；

(6) 有与其他语言编写的程序结合和输入输出格式化数据的能力；

(7) 有在多个应用领域解决难题的工具箱。

由于 MATLAB 编程方便，有大量内部函数和工具箱可以使用，作图也十分方便，因此在数学实验和数学建模竞赛中，就常使用 MATLAB 作为编程工具。

根据数学实验的需要，下面对 MATLAB 作简单介绍。

第一节　常用函数介绍

在 MATLAB 中常用函数的名称及其符号如下。

1. 三角函数

sin—— 正弦

sinh—— 双曲正弦

asin—— 反正弦

asinh—— 反双曲正弦

cos—— 余弦

cosh—— 双曲余弦

acos—— 反余弦

acosh—— 反双曲余弦

tan—— 正切

tanh—— 双曲正切

atan—— 反正切

atanh—— 反双曲正切

2. 指数函数与对数函数

exp —— 指数

log—— 以 e 为底的对数

log10—— 常用对数

sqrt—— 平方根

3. 与复数有关的函数

abs—— 模或绝对值

angle—— 幅角

conj—— 复共轭

imag—— 虚部

real—— 实部

4. 舍入函数及其他数值函数

fix—— 向 0 舍入

floor—— 向负无穷舍入

ceil—— 向正无穷舍入

round—— 四舍五入

rem(a,b)—— 计算 a/b 的余数

sign(x)—— 符号函数

5. 有关向量的函数

min(x)—— 向量 x 的元素的最小值

max(x)—— 向量 x 的元素的最大值

mean(x)—— 向量 x 的元素的平均值

median(x)—— 向量 x 的元素的中位数

std(x)—— 向量 x 的元素的标准差

diff(x)—— 向量 x 的相邻元素的差

sort(x)—— 对向量 x 的元素进行排序

length(x)—— 向量 x 的元素个数

norm(x)—— 向量 x 的 Euclidean 长度

sum(x)—— 向量 x 的元素总和

prod(x)—— 向量 x 的元素连乘积

cumsum(x)—— 向量 x 的累计元素总和

cumprod(x)—— 向量 x 的累计元素总乘积

dot(x, y)—— 向量 x 和 y 的内积

cross(x, y)—— 向量 x 和 y 的外积

第二节 矩阵常见计算

1. 矩阵的输入

矩阵的输入最简单的方法是把矩阵的元素直接排列在方括号中，每行内的元素间用空格

或逗号隔开,行与行之间用分号隔开。例如:

$$A=\begin{bmatrix}1&4&7\\3&6&9\\6&7&4\end{bmatrix}$$

输入为 A = [1,4,7;3,6,9;6,7,4]

或
```
A =[1,4,7;
    3,6,9;
    6,7,4]
```

输出结果为
```
A =1  4  7
   3  6  9
   6  7  4
```

2. 矩阵的转置

矩阵的转置用符号“′”来表示,例如:

A = [1,4,7;3,6,9;6,7,4];

B = **A**′

则显示为
```
B = 1  3  6
    4  6  7
    7  9  4
```

也可直接转置,B = [1,4,7;3,6,9;6,7,4]′。

3. 矩阵的加减

矩阵的加减使用的是“+”和“-“运算符。进行矩阵加减运算必须是同型矩阵。例如:

A = [1,3,6;4,5,7;7,8,9]

B = [3,5,7;2,4,6;1,3,9]

C = **A** + **B**

则显示结果为
```
C = 4   8  13
    6   9  13
    8  11  18
```

令矩阵可以与一个数进行加减运算,运算法则是对应每个元素加减同一个数,如 **Z** = **C** - 1,则结果为
```
Z =3   7  12
   5   8  12
   7  10  17
```

4. 矩阵的乘法

矩阵的乘法用符号“*”表示,要求前一矩阵的列数与后一矩阵的行数相同。例如:

A = [1,4,7;2,5,8]

B = [4,5,9;1,7,8;3,2,1]

$$C = A * B$$

则结果为

```
C = 29   47   48
    37   61   66
```

另外，MATLAB中还可以进行矩阵与数的乘法，其规则是矩阵每个元素与该数相乘。例如：

$$A = [1,5,8;2,6,9]$$
$$B = 3 * A$$

则结果为

```
B = 3   15   24
    6   18   27
```

5. 矩阵的行列式

求方阵 **A** 的行列式，用 det(A) 表示。例如：

$$A = [1,3,6;2,5,8;3,9,11]$$
$$Z = det(A)$$

则结果为

$$Z = 7$$

6. 矩阵求逆

非奇异矩阵 **A** 求逆用 inv(A) 表示。例如：

$$A = [1,3,6;2,5,8;3,9,11]$$
$$Z = inv(A)$$

则结果为

```
Z =-2.428 6     3.000 0    -0.857 1
     0.285 7   -1.000 0     0.571 4
     0.428 6          0    -0.142 9
```

如要验证，可计算 $C = A * Z$，结果为

```
C =    1.000 0          0   -0.000 0
      -0.000 0    1.000 0   -0.000 0
             0          0    1.000 0
```

利用逆矩阵可以解方程组。例如：

$$AX = b$$

其中

$$A = [1\quad 3\quad 6;\\ 2\quad 5\quad 8;\\ 3\quad 9\quad 11]$$
$$b = [3\quad 6\quad 7]'$$

计算表达式为 X = inv(A) * b，则结果为

```
X = 4.714 3
   -1.142 9
    0.285 7
```

或用 $X = A\backslash b$ 也可求解，而且 $X = A\backslash b$ 还可以求解矛盾方程组。

下面进行函数拟合。

因变量 y 与自变量 x 之间存在如下关系：

$$y = a + b\mathrm{e}^{-x}$$

观测数据对为

x	0.0	0.3	0.8	1.1	1.6	2.3
y	0.82	0.72	0.63	0.60	0.55	0.5

由此可建立矛盾方程组

$$\boldsymbol{AX} = \boldsymbol{y}$$

其中

$$\boldsymbol{X} = [a, b]'$$

可建立如下 M 文件：

```
t = [0.0  0.3  0.8  1.1  1.6  2.3]'
y = [0.82  0.72  0.63  0.60  0.55  0.5]'
A = [ones(size(t)),exp(-t)]
X = inv(A'*A)*A'*y
```

或

```
X = A\y
```

可得结果为

```
X = 0.4760
    0.3413
```

即

$$a = 0.4760,\quad b = 0.3413$$

函数拟合为

$$y = 0.476 + 0.3413\mathrm{e}^{-x}$$

结果如图 1.1 所示，M 文件如下：

```
t = [0.0  0.3  0.8  1.1  1.6  2.3]'
y = [0.82  0.72  0.63  0.60  0.55  0.5]'
A = [ones(size(t)),exp(-t)]
x = inv(A'*A)*A'*y
n = 500
tt = zeros(n,1);
yy = zeros(n,1);
dt = 2.3/n;
for i = 1:n
    tt(i) = i*dt;
    yy(i) = x(1) + x(2)*exp(-tt(i));
end
plot(t,y,'b',tt,yy,'r')
```

b—— 表示蓝色，代表原数据。

r—— 表示红色，代表拟合曲线。

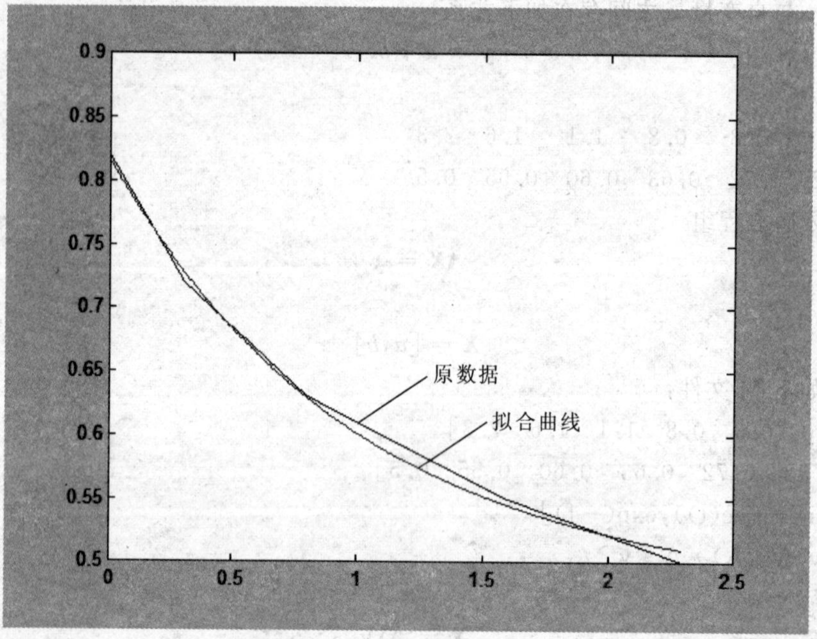

图 1.1 拟合曲线图

7. 矩阵的特征值

如果 $\boldsymbol{A}$ 为方阵，满足 $\boldsymbol{AX}=\lambda\boldsymbol{X}$ 的 λ 称为 $\boldsymbol{A}$ 的特征值，$\boldsymbol{X}$ 称为 $\boldsymbol{A}$ 的特征向量。

计算 $\boldsymbol{A}$ 的特征值用 eig(A) 表示。例如：

A = [1,3,6;2,5,8;3,6,8]

Z = eig(A)

则结果为

```
Z = 15.238 2
    -1.336 5
     0.098 2
```

如要同时求出特征向量，采用表达式[X,V] = eig(A)，则结果为

```
X =-0.413 5   -0.785 1    0.731 8
   -0.609 4   -0.374 8   -0.6472
   -0.676 5    0.493 1    0.213 6
V =15.238 2         0          0
         0   -1.336 5          0
         0          0    0.098 2
```

其中，X 各列为特征向量，V 主对角元素为特征值。

第三节 函数作图

1. 二维平面曲线作图函数

plot(x,y,'s')

其中,x和y是长度相同的向量,s表示线型和颜色,可以不选,则采用默认方式。

如果作多条曲线在同一图上,则用函数

plot(x1,y1,'s1',x2,y2,'s2',…,xn,yn,'sn')

若将 $\sin(x)$ 和 $\cos(x)$ 同时作在一张图上(见图1.2),区间取$[0,\pi]$,程序如下:

```
x = 0:0.1:2 * pi;
y1 = sin(x);
y2 = cos(x);
plot(x,y1,'r',x,y2,'b');
```

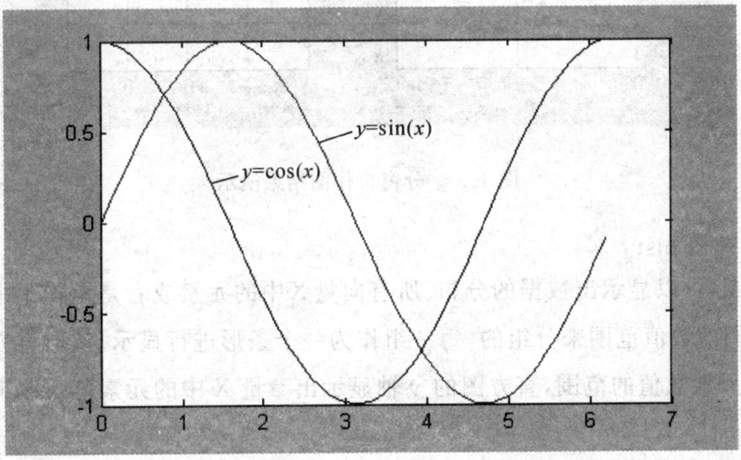

图1.2 $y=\sin(x)$ 和 $y=\cos(x)$ 图形

2. 多窗口作图

如果将屏幕分为几个窗口分别作图,采用函数:

subplot(m,n,k)

表示将窗口分为 $m\times n$ 个子窗口,当前图在第 k 个窗口完成。

若要在第一个窗口作 $y=\sin(x)$,第二个窗口作 $y=\cos(x)$,第三个窗口作 $y=\sqrt{x}$,第四个窗口作 $y=\ln(x)$,程序如下:

```
x1 = 0:0.1:2 * pi;   y1 = sin(x1);
x2 =- pi:0.1:pi;   y2 = cos(x2);
x3 = 0:0.1:10;   y3 = sqrt(x3);
x4 = 2:0.2:10;   y4 = log(x4);
subplot(2,2,1);   plot(x,y1);   title('y = sin(x)');   grid on
subplot(2,2,2);   plot(x2,y2);   title('y = cos(x)');   grid on
```

```
subplot(2,2,3);   plot(x3,y3);   title('y = sqrt(x)');   grid on
subplot(2,2,4);   plot(x4,y4);   title('y = ln(x)');   grid on
```

图形如图 1.3 所示。

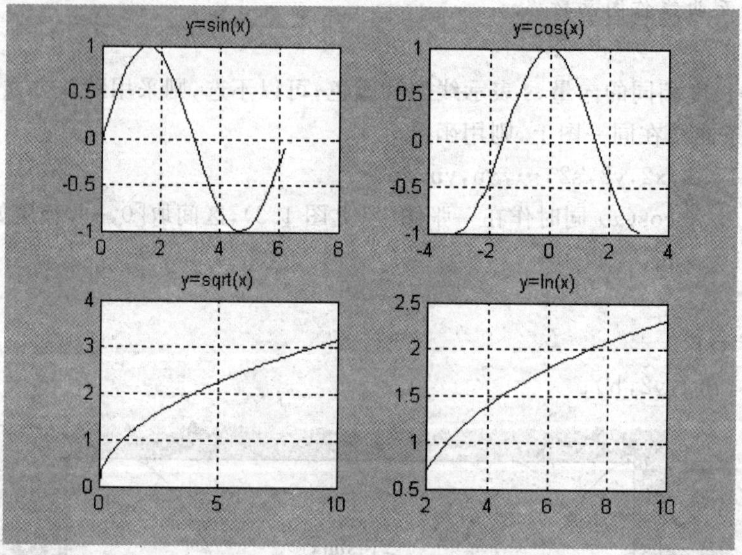

图 1.3　分窗口作图结果演示

3. 直方图作图 hist

二维直方图，可以显示出数据的分布。所有向量 X 中的元素或者是矩阵 Y 中的列向量中的元素是根据它们的数值范围来分组的，每一组作为一个条形进行显示。条形直方图中的 x 轴反映了数据 X 中元素数值的范围，直方图的 y 轴显示出参量 X 中的元素落入该组的数目。

count = hist(X)

该式表示把向量 X 中的元素放入等距的 10 个条形中，且返回每一个条形中的元素个数。若 X 为矩阵，则该命令按列对 X 进行处理。

count = hist(X,center)

参量 X 为向量，把 X 中元素放到 m(m = length(center)) 个由 center 中元素指定的位置为中心的直方图中。

count = hist(X,number)

参量 number 为标量，用于指定条形的数目。

[count,center] = hist(X)

返回向量 X 中包含频率计数的 count 与条形的位置向量 center，可以用命令 bar(center, count) 画出条形直方图。

例如，作 1 000 个服从正态分布 $N(10,5)$ 的数据的直方图，程序如下：

```
X = normrnd(10,5,1000,1);
z = hist(X);
```

结果图形如图 1.4 所示。采用下面的程序也可以：

```
X = normrnd(10,5,1000,1);
[count,center] = hist(X);
bar(center,count);
```

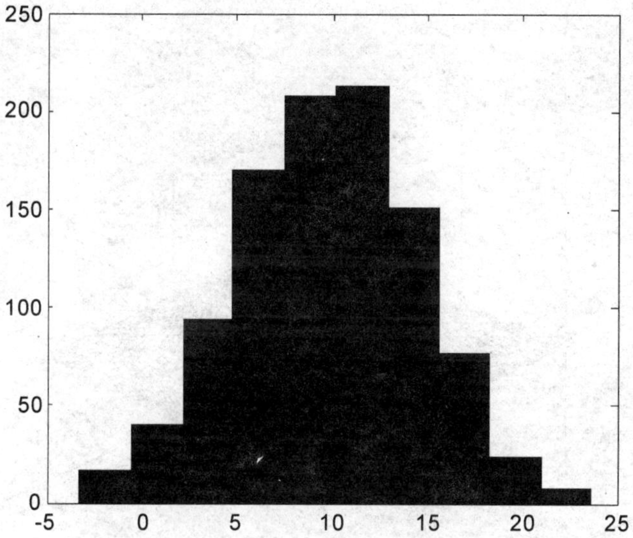

图 1.4 直方图

4. 二维图形注释命令 grid

功能：给图形的坐标面增加分隔线。该命令会对当前坐标轴的的属性有影响。

用法：grid on 给当前的坐标轴增加分隔线。

grid off 从当前的坐标轴中去掉分隔线。

grid 转换分隔线的显示与否的状态。

grid(axes_handle,on | off) 对指定的坐标轴 axes_handle 是否显示分隔线。

5. 三维曲面作图

命令 1 mesh

功能：生成由 X,Y 和 Z 指定的网线面。

用法：mesh(X,Y,Z) 画出三维网格图，和曲面的高度相匹配。

(1) 若 X 与 Y 均为向量，则 length(X) = n,length(Y) = m,而[m,n] = size(Z),空间中的点 (X(i),Y(j),Z(i,j)) 为所画曲面网线的交点，分别地，X 对应于 Z 的列，Y 对应于 Z 的行。

(2) 若 X 与 Y 均为矩阵，则空间中的点 (X(i,j),Y(i,j),Z(i,j)) 为所画曲面的网线的交点。

mesh(Z) 由[n,m] = size(Z) 得，X = 1：n 与 Y = 1：m,其中 Z 为定义在矩形划分区域上的单值函数。

MATLAB 程序如下：

```
[X,Y] = meshgrid(-3:1/8:3);
Z = peaks(X,Y);
mesh(X,Y,Z);
```

结果图形如图 1.5 所示。

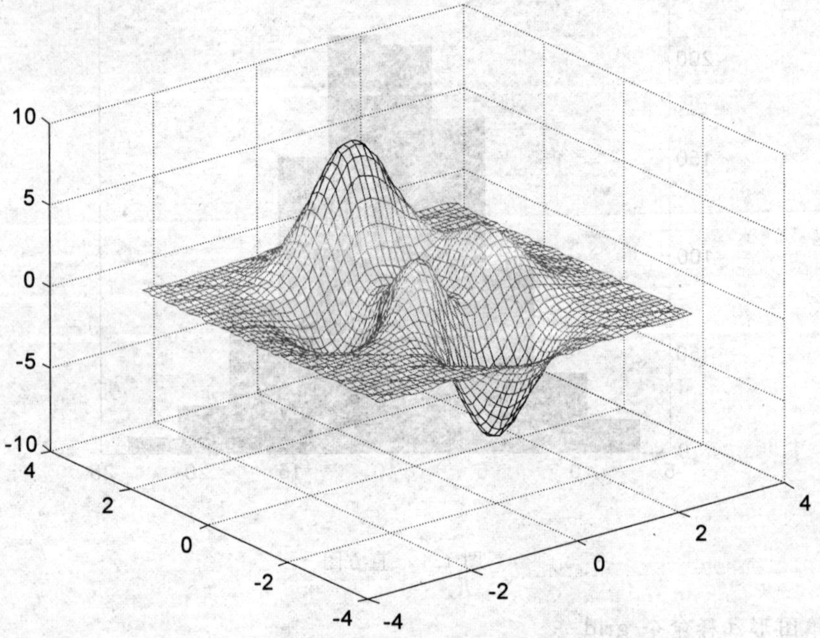

图 1.5 mesh 作图实例

命令 2 surf

功能：在矩形区域内显示三维带阴影曲面图。

用法：surf(Z) 生成一个由矩阵 Z 确定的三维带阴影的曲面图，其中，[m,n] = size(Z)，而 X = 1 : n，Y = 1 : m。高度 Z 为定义在一个几何矩形区域内的单值函数，Z 同时指定曲面高度数据的颜色，所以颜色对于曲面高度是恰当的。

surf(X, Y, Z) 中，数据 Z 同时为曲面高度，也是颜色数据；X 和 Y 为定义 x 坐标轴和 y 坐标轴的曲面数据。若 X 与 Y 均为向量，则 length(X) = n，length(Y) = m，而[m,n] = size(Z)，在这种情况下，空间曲面上的节点为(X(i)，Y(j)，Z(i,j))。

程序如下：

```
[X,Y]= meshgrid(-3:1/8:3);
Z = peaks(X,Y);
surf(X,Y,Z);
```

结果图形如图 1.6 所示。

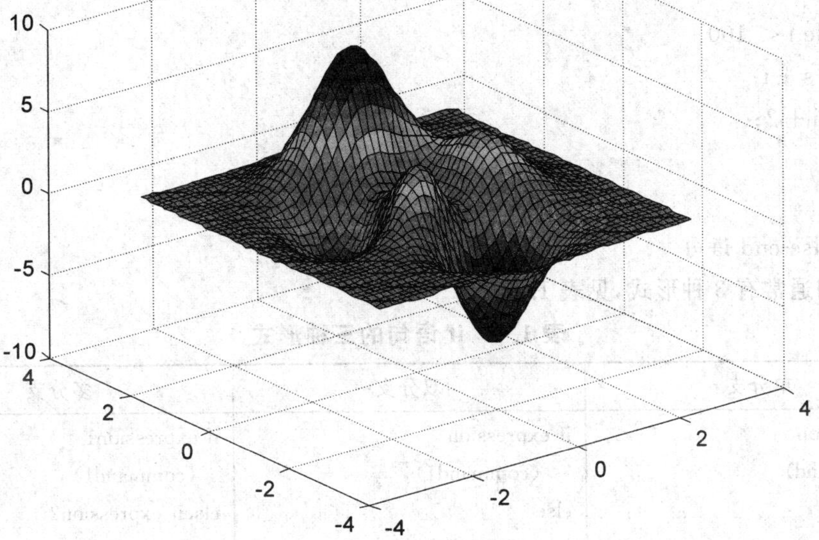

图 1.6　surf 作图实例

第四节　基 本 语 句

1. for 语句

```
for x = a:d:b
  (command)
end
```

a 为起始点，b 为终止点，d 为区间间隔。循环体内为执行语句。

例如，求 1＋3＋5＋…＋99。程序如下：

```
s = 0;
for i = 1:2:99
    s = s + i;
end
s
```

结果为 2500。

2. while 语句

```
while expression
 (command)
end
```

当 MATLAB 碰到 while 指令时，首先检测 expression 的值。当为真时执行循环体中的语句，并循环执行，直到 expression 值为假才结束循环。

例如,求 1＋3＋5＋…＋99。用该语句实现的程序如下:

```
s = 0;
  i = 1;
  while i < 100
  s = s + i;
  i = i + 2;
end
s
```

3. if-else-end 语句

该语句通常有 3 种形式,见表 1.1。

表 1.1 if 语句的三种形式

单分支	双分支	多分支
if expression (command) end	if expression (command1) else (command2) end	if expression1 (command1) elseif expression2 (command2) …… else (command2) end

例如,用该语句求 1 到 100 中被 3 整除余 1 的数和为 s1,被 3 整除余 2 的数和为 s2,被 3 整除的数和为 s3。程序如下:

```
s1 = 0;s2 = 0; s3 = 0;
for i = 1:100
if(mod(i,3) == 1) s1 = s1 + i;
elseif (mod(i,3) == 2)  s2 = s2 + i;
else  s3 = s3 + i;  end
end
fprintf('s1 = %3d  s2 = %3d  s3 = %3d\n',s1,s2,s3);
```

结果如下:

s1 = 1717 s2 = 1650 s3 = 1683

第五节 M 文 件

MATLAB 中 M 文件有两种,脚本 M 文件和函数 M 文件。

一个比较复杂的程序通常需要反复调试,而我们通常也要编写一大段程序,这时通常可建立一个脚本 M 文件将其存储起来,以便于随时调用计算。脚本 M 文件就是许多命令的简单组合。

建立脚本 M 文件的方法：

在 MATLAB 的窗口中单击 File → New → M-File。打开 M 文件编辑窗口，在该窗口中输入程序。再以 m 为扩展名存储。要运行该 M 文件，可按 F5 键或在命令窗口中输入该文件名，按确定键就可以了。

当要编写一个函数便于主程序调用时，该函数通常也需要写为 M 文件。这种 M 文件称为函数 M 文件。

函数 M 文件是文件名后缀为 m 的文件，这类文件的第一行必须以一特殊字符 function 开始。其格式为

function　因变量名 = 函数名(自变量名)

第一行以下各行是从自变量计算因变量的语句，可以是几条语句，也可以是很多语句。一定要将最后的计算结果赋给因变量。特别要注意的是 M 文件的文件名必须与函数名完全一致。

函数 M 文件和脚本 M 文件主要有以下差异：

(1) 函数M文件的文件名必须与函数名相同，而脚本M文件则可以取任意合法的文件名。

(2) 脚本M文件没有输入参数与输出参数，而函数M文件有输入与输出参数，对函数进行调用时，可以按少于函数 M 文件规定的输入与输出变量个数，但不能多于函数 M 文件规定的输入与输出变量个数。

(3) 脚本 M 文件运行产生的所有变量都是全局变量，而函数 M 文件的所有变量除特别申明外都是局部变量。

例如，计算函数 $z=(x^2-2x)e^{-x^2-y^2-xy}$ 在(0.1,0.2) 处的函数值。

编写 M 文件 fun.m：

```
function  z = fun(x)
z = (x(1)^2 - x(1) * 2) * exp(- x(1)^2 - x(2)^2 - x(1) * x(2));
return;
```

在命令窗口中输入

```
>> x = [0.1,0.2]
>> z = funx(x)
```

得到结果为

```
z =- 0.177 2
```

第二部分　基于 MATLAB 的数学实验

实验一　棋子游戏颜色变化实验

任意拿出黑白两种颜色的棋子共 n 个，随机排成一个圆圈。然后在两颗颜色相同的棋子中间放一颗黑色棋子，在两颗颜色不同的棋子中间放一颗白色棋子，放完后撤掉原来所放的棋子，再重复以上的过程。这样放下一圈后就拿走前次的一圈棋子，问这样重复进行下去各棋子的颜色会怎样变化呢？

分析与解答　由于在两颗同色棋子中放一颗黑色棋子，两颗不同色的棋子中放一颗白色棋子，因此可将黑色棋子用 1 表示，白色棋子用 -1 表示。这是因为 $-1\times(-1)=1, 1\times1=1$，代表两颗同色棋子中放一颗黑色棋子；$1\times(-1)=-1$，代表两颗不同色的棋子中间放一颗白色棋子。

设棋子数为 $n, a_1, a_2, \cdots, a_n$ 为初始状态。则当 $n=2$ 时，

步数	状态	
0	a_1	a_2
1	a_1a_2	a_2a_1
2	$a_1^2a_2^2$	$a_1^2a_2^2$

经过两步，最后全为 1，即全变为黑色棋子。

当 $n=3$ 时，

步数	状态(舍掉偶次项)		
0	a_1	a_2	a_3
1	a_1a_2	a_2a_3	a_3a_1
2	a_1a_3	a_1a_2	a_2a_3
3	a_2a_3	a_1a_3	a_1a_2
4	a_1a_2	a_2a_3	a_3a_1

说明当 $n=3$ 时，经过 3 步进入初始状态。

当 $n=4$ 时，

步数	状态(舍掉偶次项)

0	a_1	a_2	a_3	a_4
1	a_1a_2	a_2a_3	a_3a_4	a_4a_1
2	a_1a_3	a_2a_4	a_1a_3	a_2a_4
3	$a_1a_2a_3a_4$	$a_1a_2a_3a_4$	$a_1a_2a_3a_4$	$a_1a_2a_3a_4$
4	$a_1^2a_2^2a_3^2a_4^2$	$a_1^2a_2^2a_3^2a_4^2$	$a_1^2a_2^2a_3^2a_4^2$	$a_1^2a_2^2a_3^2a_4^2$

说明当 $n=4$ 时，经过 4 步全变为黑色棋子。

当 $n=5$ 时，

步数	状态(舍掉偶次项)			
0	a_1	a_2	a_3	a_4	a_5
1	a_1a_2	a_2a_3	a_3a_4	a_5a_1	a_5a_1
2	a_1a_3	a_2a_4	a_3a_5	a_1a_4	a_2a_5
3	$a_1a_2a_3a_4$	$a_2a_3a_4a_5$	$a_1a_3a_4a_5$	$a_1a_2a_4a_5$	$a_1a_2a_3a_5$
4	a_1a_5	a_1a_2	a_2a_3	a_3a_4	a_4a_5
5	a_2a_5	a_1a_3	a_2a_4	a_3a_5	a_1a_4
6	$a_1a_2a_3a_5$	$a_1a_2a_3a_4$	$a_2a_3a_4a_5$	$a_1a_3a_4a_5$	$a_1a_2a_4a_5$

既不循环也不全为黑色棋子。

结论：当棋子数为 2^n 时，至多经过 2^n 次操作，就可以全部变为黑色棋子；当棋子数不为 2^n 时，则一般不能全变为黑色棋子。

MATLAB 程序如下：

```
% 棋子颜色问题演示
%1—— 黑子，－1 —— 白子
n = 4; % 定义棋子数
times = 6;% 定义迭代次数
x0 = zeros(1,n);
x1 = zeros(1,n); % 定义数组
for i = 1:n
  k = rand(1,1);
  if(k > 0.5) x0(i) = 1;
  else x0(i) =－1;
  end
end;  % 赋初值
x0
for i = 1:times
  i
  for k = 1:n－1
   x1(k) = x0(k) * x0(k＋1);
   end
   x1(n) = x0(n) * x0(1);
```

```
    x1  % 显示各次结果
    x0 = x1;
end
```

程序语句解释：

(1)zeros(m,n)，产生一个 $m\times n$ 的零矩阵，通常用于定义一个指定大小的矩阵。zeros(1,n) 则产生一个全部为 0 的行向量。

(2)rand(m,n)，产生一个 $m\times n$ 的随机矩阵，每个元素都服从[0,1] 上的均匀分布。rand(1,1) 则产生一个服从[0,1] 上的均匀分布的数字。

实验二　追逐问题实验

一、四人追逐实验

如图 2.1 所示，在正方形 ABCD 的四个顶点各有一个人。设在初始时刻 t 时，四人同时出发以速度 v 匀速沿顺时针走向下一个人。如果他们始终对准下一个人为目标行进，最终结果会如何。作出各自的运动轨迹。

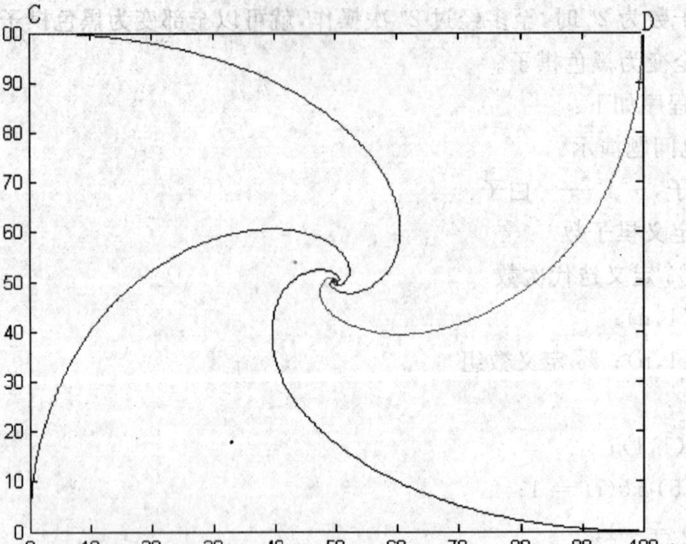

图 2.1　模拟结果图形

分析与解答　该问题可以通过计算机模拟来实现，这需要将时间离散化。设时间间隔为 Δt，j 时刻表示时间 $t=j\Delta t$。

设第 i 个人 j 时刻的位置坐标为

$$(x_{ij},y_{ij}),\quad i=1,2,3,4;j=1,2,3,\cdots$$

对于前面 3 个人的表达式为

$$\begin{cases} x_{i,j+1} = x_{i,j} + v\Delta t\cos x \\ y_{i,j+1} = y_{i,j} + v\Delta t\sin x \end{cases} \quad i = 1,2,3$$

其中

$$\cos x = \frac{x_{i+1,j} - x_{i,j}}{\sqrt{(x_{i+1,j} - x_{i,j})^2 + (y_{i+1,j} - y_{i,j})^2}} \quad i = 1,2,3$$

$$\sin x = \frac{y_{i+1,j} - y_{i,j}}{\sqrt{(x_{i+1,j} - x_{i,j})^2 + (y_{i+1,j} - y_{i,j})^2}} \quad i = 1,2,3$$

对于第 4 个人表达式为

$$\begin{cases} x_{4,j+1} = x_{4,j} + v\Delta t\cos x \\ y_{4,j+1} = y_{4,j} + v\Delta t\sin x \end{cases}$$

其中

$$\cos x = \frac{x_{1,j} - x_{4,j}}{\sqrt{(x_{1,j} - x_{4,j})^2 + (y_{1,j} - y_{4,j})^2}}$$

$$\sin x = \frac{y_{1,j} - y_{4,j}}{\sqrt{(x_{1,j} - x_{4,j})^2 + (y_{1,j} - y_{4,j})^2}}$$

MATLAB 实现程序 run.m 如下：

```
% 模拟运动
n = 240;
x= zeros(4,n);
y = zeros(4,n);
dt = 0.05; % 时间间隔
v = 10; % 速度

x(1,1) = 100; y(1,1) = 0;   % 第 1 个人初始坐标
x(2,1) = 0;   y(2,1) = 0;   % 第 2 个人初始坐标
x(3,1) = 0;   y(3,1) = 100;   % 第 3 个人初始坐标
x(4,1) = 100;   y(4,1) = 100;   % 第 4 个人初始坐标

for i = 2:n
  for j = 1:3
  d = sqrt((x(j+1,i-1) - x(j,i-1))^2 + (y(j+1,i-1) - y(j,i-1))^2);
     % 第 j+1 个人和第 j 个人距离
  cosx = (x(j+1,i-1) - x(j,i-1))/d; % 求 cos 值
  sinx = (y(j+1,i-1) - y(j,i-1))/d; % 求 sin 值
  x(j,i) = x(j,i-1) + v * dt * cosx;   % 求新 x 坐标
  y(j,i) = y(j,i-1) + v * dt * sinx;   % 求新 y 坐标
  end % 考虑第 1,2,3 人运动一步
     d = sqrt((x(1,i-1) - x(4,i-1))^2 + (y(1,i-1) - y(4,i-1))^2);
     % 第 4 个人和第 1 个人距离
```

```
        cosx = (x(1,i-1) - x(4,i-1))/d; % 求 cos 值
        sinx = (y(1,i-1) - y(4,i-1))/d; % 求 sin 值
    x(4,i) = x(4,i-1) + v * dt * cosx;   % 求第 4 点新 x 坐标
    y(4,i) = y(4,i-1) + v * dt * sinx;   % 求第 4 点新 y 坐标
end
%plot(x,y)
for j = 1:n
plot(x(1,j),y(1,j),x(2,j),y(2,j),x(3,j),y(3,j),x(4,j),y(4,j))  % 作点图
hold on % 保持每次作图,实现各次图形叠加
end
```

执行结果如图 2.1 所示。

二、舰艇追击实验

某缉私舰雷达发现距 $d=10$ km 处有一艘走私船正以速度 $u=8$ km/h 匀速沿直线行驶，缉私舰立即以速度 $v=12$ km/h 追赶。若用雷达进行跟踪，保持船的瞬时速度方向始终指向走私船，试求缉私舰追逐路线和追上的时间。

1. 理论求解

该问题采用微分方程求解。

如图 2.2 所示建立坐标系，设开始时走私船位于坐标原点，沿 Y 轴以速度 u 运动，t 时刻位置为 $A(0,ut)$，开始时缉私舰位于 X 轴 $C(d,0)$ 处，沿走私船方向以速度 v 运动，t 时刻位置为 $B(x,y)$。

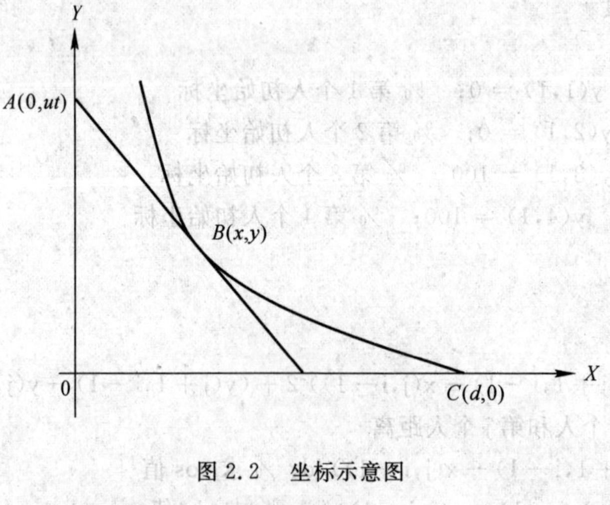

图 2.2 坐标示意图

直线 AB 与缉私舰行走路线相切，则由几何关系有

$$\frac{\mathrm{d}y}{\mathrm{d}x}=\tan\alpha=\frac{y-ut}{x}$$

即

$$x\frac{\mathrm{d}y}{\mathrm{d}x}=y-ut$$

两边对 x 求导有

$$x\frac{\mathrm{d}^2y}{\mathrm{d}x^2}=-u\frac{\mathrm{d}t}{\mathrm{d}x}$$

$$\frac{\mathrm{d}t}{\mathrm{d}x}=\frac{\mathrm{d}t}{\mathrm{d}s}\frac{\mathrm{d}s}{\mathrm{d}x}=-\frac{1}{v}\sqrt{1+\left(\frac{\mathrm{d}y}{\mathrm{d}x}\right)^2}$$

则
$$x\frac{\mathrm{d}^2y}{\mathrm{d}x^2}=\frac{u}{v}\sqrt{1+\left(\frac{\mathrm{d}y}{\mathrm{d}x}\right)^2}$$

令
$$k=\frac{u}{v}<1,\quad \frac{\mathrm{d}y}{\mathrm{d}x}=p$$

则
$$\frac{\mathrm{d}^2y}{\mathrm{d}x^2}=\frac{\mathrm{d}p}{\mathrm{d}x}$$

方程变为

$$x=\frac{\mathrm{d}p}{\mathrm{d}x}=k\sqrt{1+p^2}$$

初始条件为

$$p(d)=\left.\frac{\mathrm{d}y}{\mathrm{d}x}\right|_{x=d}=0$$

则方程变为

$$\begin{cases}\dfrac{\mathrm{d}p}{\sqrt{1+p^2}}=\dfrac{k}{x}\mathrm{d}x\\ p(d)=0\end{cases}$$

两边积分有

$$\ln(p+\sqrt{1+p^2})=\ln\left(\frac{x}{d}\right)^k$$

$$p=\frac{\mathrm{d}y}{\mathrm{d}x}=\frac{1}{2}\left[\left(\frac{x}{d}\right)^k-\left(\frac{d}{x}\right)^k\right]$$

由初始条件 $y(d)=0$，两边积分得到追击曲线为

$$y=\frac{d}{2}\left[\frac{1}{1+k}\left(\frac{x}{d}\right)^{1+k}-\frac{1}{1-k}\left(\frac{x}{d}\right)^{1-k}\right]+\frac{dk}{1-k^2}$$

当 $x=0$ 时，走私船坐标为

$$y=\frac{dk}{1-k^2}=\frac{dvu}{v^2-u^2}$$

所花时间为

$$t=\frac{y}{u}=\frac{dv}{v^2-u^2}$$

令 $d=10, u=8, v=12$，求得走私船坐标 $y=12$ km，所花时间 $t=1.5$ h。

2. 计算机仿真实验

该问题可以通过计算机仿真来实现，这需要将时间离散化。设时间间隔为 Δt，j 时刻表示时间 $t=j\Delta t$。设走私船 j 时刻的位置坐标为$(x_{1,j},y_{1,j})$，$j=1,2,3,\cdots$；缉私舰 j 时刻的位置坐标为$(x_{2,j},y_{2,j})$，$j=1,2,3,\cdots$。则走私船 j 时刻运动表达式为

$$\begin{cases}x_{1,j}=0\\ y_{1,j}=u_j\Delta t\end{cases}\qquad j=1,2,3,\cdots$$

缉私舰 j 时刻运动离散表达式为

$$\begin{cases} x_{2,j+1} = x_{2,j} + v\Delta t\cos x \\ y_{2,j+1} = y_{2,j} + v\Delta t\sin x \end{cases} \quad j = 1,2,3,\cdots$$

其中

$$\cos x = \frac{x_{1,j} - x_{2,j}}{\sqrt{(x_{1,j} - x_{2,j})^2 + (y_{1,j} - y_{2,j})^2}} \quad j = 1,2,3,\cdots$$

$$\sin x = \frac{y_{1,j} - y_{2,j}}{\sqrt{(x_{1,j} - x_{2,j})^2 + (y_{1,j} - y_{2,j})^2}} \quad j = 1,2,3,\cdots$$

MATLAB 仿真程序如下：

```
dt = 0.01;
 n = 151;
 d = 10;
 u = 8;
 v = 12;
 T = d * v/(v * v - u * u); % 理论时间

 x1 = zeros(n,1); y1 = zeros(n,1);
 x2 = zeros(n,1); y2 = zeros(n,1);
 x1(1) = 0; y1(1) = 0; % 走私船开始位置
 x2(1) = d; y2(1) = 0; % 缉私舰开始位置

  % 仿真曲线
 for j = 1:n-1
     x1(j) = 0;   % 走私船横坐标
     y1(j) = (j+1) * dt * u;% 走私船纵坐标
     ct = (x1(j) - x2(j))/sqrt((x1(j) - x2(j))^2 + (y1(j) - y2(j))^2);
     st = (y1(j) - y2(j))/sqrt((x1(j) - x2(j))^2 + (y1(j) - y2(j))^2);
     x2(j+1) = x2(j) + v * dt * ct;   % 缉私舰横坐标
     y2(j+1) = y2(j) + v * dt * st;   % 缉私舰纵坐标
 end

% 理论曲线
  x = d:-0.01:0;
  k = u/v;
  y = d/2 * ((x/d).^(1+k)/(1+k) - (x/d).^(1-k)/(1-k)) + d * k/(1-k^2);
  plot(x1,y1,'r',x2,y2,'-r',x,y,'b');
```

如图 2.3 所示，仿真曲线和理论曲线十分吻合。

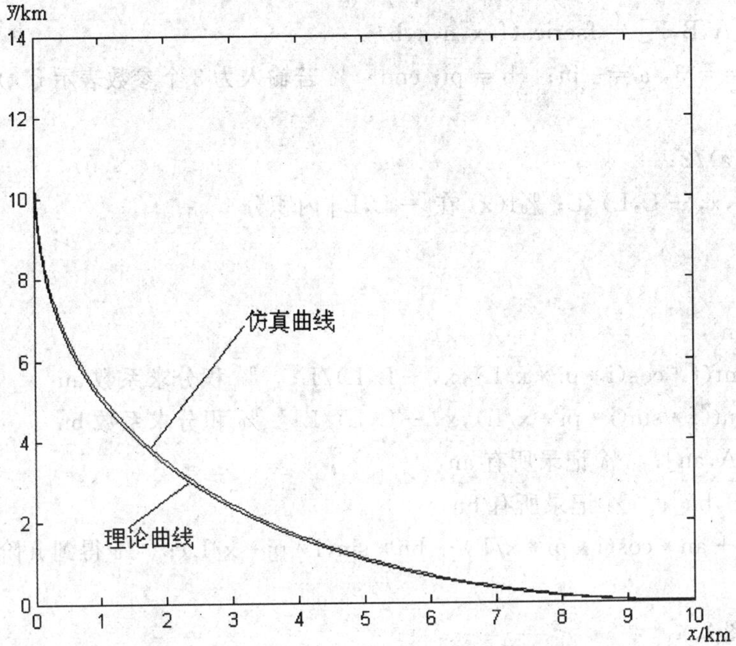

图 2.3　仿真曲线与理论曲线比较图

实验三　傅里叶级数实验

定理　设周期为 $T=2l$ 的周期函数 $f(x)$ 满足收敛定理条件，则它的傅里叶级数展开式为

$$f(x)=\frac{a_0}{2}+\sum_{n=1}^{\infty}\left(a_n\cos\left(\frac{n\pi x}{l}\right)+b_n\sin\left(\frac{n\pi x}{l}\right)\right)$$

其中，系数 a_n,b_n 为

$$a_n=\frac{1}{l}\int_{-l}^{l}f(x)\cos\frac{n\pi x}{l}\mathrm{d}x \qquad n=0,1,2,\cdots$$

$$b_n=\frac{1}{l}\int_{-l}^{l}f(x)\sin\frac{n\pi x}{l}\mathrm{d}x \qquad n=0,1,2,\cdots$$

常见的是周期 $T=2\pi$，并在$[-\pi,\pi]$内展开。下面就 $f(x)=\begin{cases}1, & 0<x\leqslant\pi\\-1, & -\pi\leqslant x<0\end{cases}$ 进行傅里叶级数展开，并作出展开到不同阶的图形。

MATLAB 程序如下：

1. fseries. m

该函数是一个自定义的傅里叶级数展开函数，意义如下：

[A,B,y] = fseries(f,x,n,a,b)

其中，f 为待展开函数；x 为自变量；n 为展开项数；[a,b]为展开区间，省略则为[－π,π]；A,B 为傅里叶系数；y 为返回的展开式。

程序如下：

```
function [A,B,F] = fseries(f,x,n,a,b)
if nargin == 3, a =-pi;  b = pi; end  %若输入为3个参数表示f(x)在[-pi,pi]内展开
L = (b-a)/2;
A = int(f,x,-L,L)/L; %f(x)在[-L,L]内积分
B = [];
F = A/2;
for i = 1:n
    an = int(f*cos(i*pi*x/L),x,-L,L)/L;  %积分求系数an
    bn = int(f*sin(i*pi*x/L),x,-L,L)/L;  %积分求系数bn
    A = [A,an];  %记录所有an
    B = [B,bn];  %记录所有bn
    F = F+an*cos(i*pi*x/L)+bn*sin(i*pi*x/L);  %得到n阶傅里叶展开式
end
```

结果图见图 2.4。

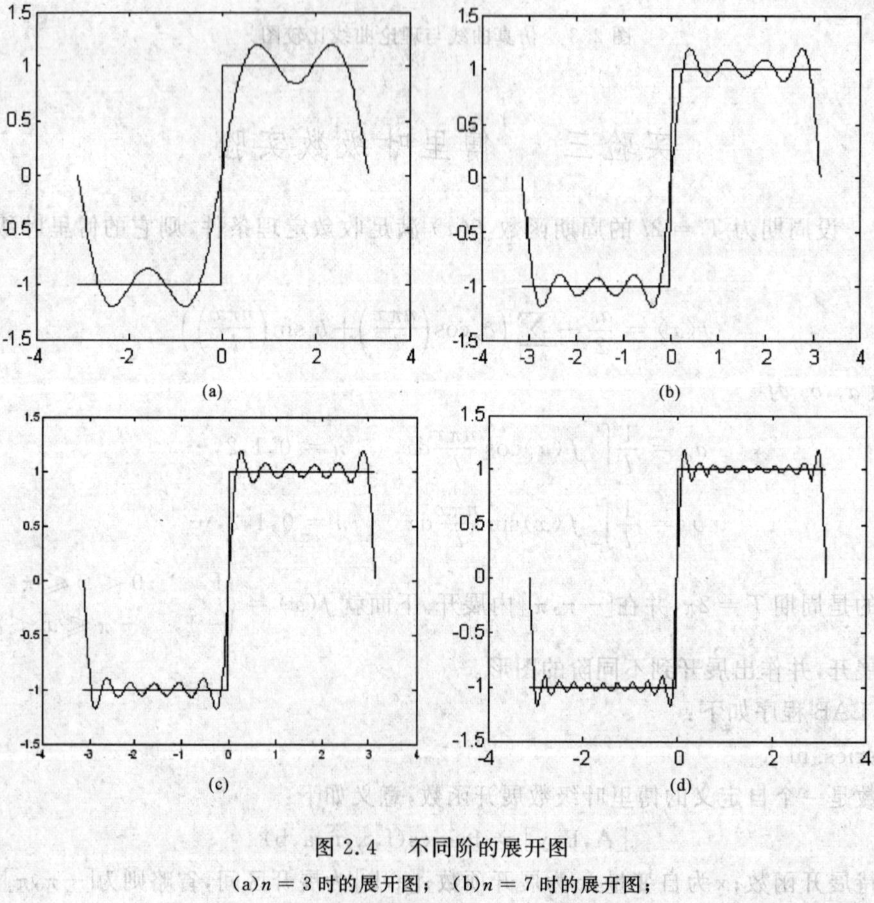

图 2.4 不同阶的展开图

(a) $n = 3$ 时的展开图；(b) $n = 7$ 时的展开图；

(c) $n = 11$ 时的展开图；(d) $n = 20$ 时的展开图

2. 实现函数 fourier. m

```
syms x;
f = abs(x)/x; % 给出待展开函数
xx = [-pi:pi/200:pi];  % 给出所有要作图的点
xx = xx(xx ~= 0);  % 去掉为0的点
yy = subs(f,x,xx);  % 计算 f(x) 的值
plot(xx,yy); % 作 f(x) 图
hold on

n = 7;  % 给出展开的阶数
    [a,b,f1] = fseries(f,x,n);% 求 n 阶展开
    y1 = subs(f1,x,xx);  % 计算 n 阶展开在各点的函数值
    plot(xx,y1);  % 作图
```

实验四　函数幂级数展开实验

定理　设函数 $f(x)$ 在点 x_0 的某一邻域 $U(x_0)$ 内具有各阶导数，则 $f(x)$ 在该邻域内能展开成式(2.1)的泰勒级数的充分必要条件是其余项 $R_n(x) \to 0(n \to \infty)$。

$$f(x) = f(x_0) + f'(x_0) + \frac{f'(x_0)}{2!}(x-x_0)^2 + \cdots + \frac{f^{(n)}(x_0)}{n!} + R_n(x) \tag{2.1}$$

当 $x_0 = 0$ 时，就成为幂级数展开，称为麦克劳林展开。

下面的 MATLAB 程序中可演示 $y = \sin(x), y = \cos(x), y = e^x$ 在$[-2\pi, \pi]$的泰勒展开逼近情形。展开次数为 8,10,12,14,16,18。图 2.5 所示为 $y = \sin(x)$ 的展开式中 $n = 8,10,14,16$ 的情形。

MATLAB 中泰勒级数展开函数介绍：

y = taylor(f,x,n)

其中，f 为待展开函数；x 为自变量；n 为展开次数；y 为返回的展开函数级数，默认在 $x = 0$ 处展开。若在 $x = a$ 处展开，则函数为 y = taylor(f,x,n,a)。

MATLAB 程序 taylor. m 如下：

```
k = 1;  %k = 1,y = sin(x);  k = 2,y = cos(x);  k = 3,y = exp(x)
x0 =-2 * pi:0.05:2 * pi;
syms x;  % 申明 x 为符号变量

switch k
    case 1
  y0 = sin(x0);  y = sin(x); str ='y = sin(x)';
   case 2
y0 = cos(x0); y = cos(x);  str ='y = cos(x)';
   case 3
```

```
    y0 = exp(x0); y = exp(x);    str = 'y = exp(x)';
end

for n = [8:2:18]
     p = taylor(y,x,n);   % 得到 n 阶的 Tayor 展式
 y1 = subs(p,x,x0);   % 得到的 Taylor 展式中的 x 用数值 x0(向量) 代替
 plot(x0,y0,'b',x0,y1,'r');   % 作出比较曲线
 grid on;

 M = max(y1);
 m = min(y1);
 info1 = [' 蓝色 * 线: 原始曲线 ',sprintf('%s',str)];
 text(0,m+0.8*(M-m),info1);   % 在指定位置显示信息 info1
 info2 = [' 红色实线: 展开曲线 n = ',sprintf('%2d',n)];
 text(0,m+0.7*(M-m),info2); % 在指定位置显示信息 info2
 pause; % 暂停按任意键继续
end
```

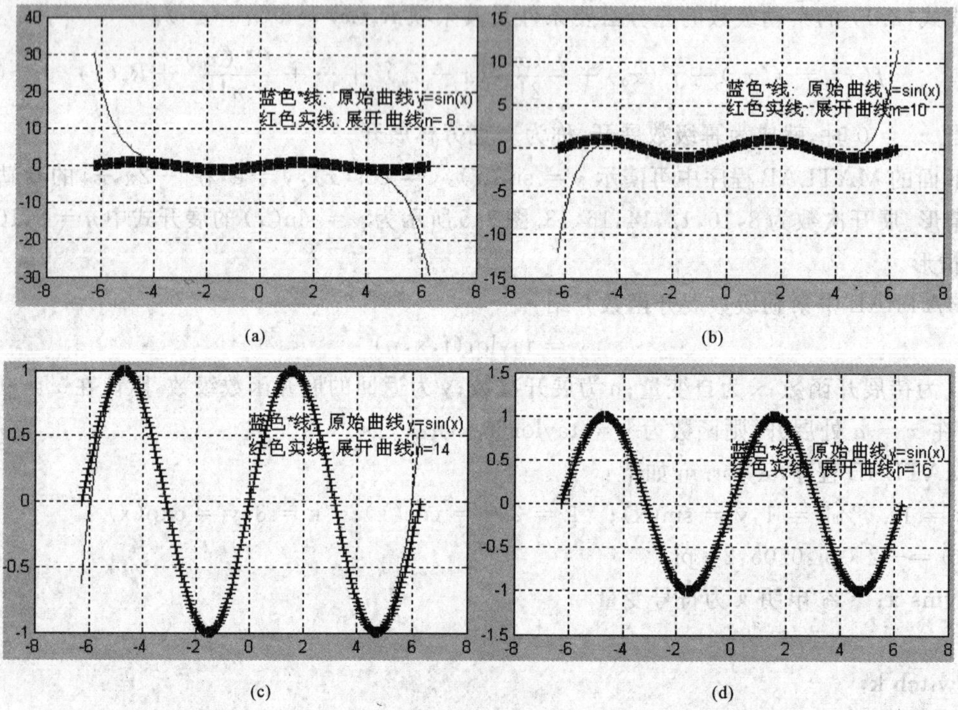

图 2.5 $y=\sin(x)$ 的逼近情况

(a) $n=8$; (b) $n=10$; (c) $n=14$; (d) $n=16$

实验五　数值积分与函数极值实验

一、数值积分实验

1. MATLAB 中一重积分

调用函数　　　　　　　q = quad(fun,a,b,tol)

该函数采用辛普森公式数值积分。式中，fun 为积分函数；a，b 为积分区间；tol 为绝对误差，缺省为 10^{-6}。

注：辛普森公式求解 $[x_i, x_{i+1}]$ 上的积分 Δf_i 的近似值为

$$\Delta f_i \approx \frac{h_i}{12}\left[f(x_i)+4f\left(x_i+\frac{h_i}{4}\right)+2f\left(x_i+\frac{h_i}{2}\right)+4f\left(x_i+\frac{3h_i}{4}\right)+f(x_i+h)\right]$$

其中，$h_i = x_{i+1} - x_i$，quad() 函数采用自适应变步长的辛普森公式进行计算。

实验：

(1) 计算 $I = \int_0^1 e^{-x^2}dx$。

(2) 计算曲线 $x = \cos(2t), y = \sin(t), z = t, t \in [0, 2\pi]$ 的长度。

曲线弧长计算公式为

$$L = \int_0^{2\pi} \sqrt{1+4\sin^2(2t)+\cos^2(t)}\,dt$$

实验程序 jifen1.m 如下：

```
syms x;
s = int('exp(- x^2)','x',0,1); % 理论积分表达式
v = vpa(s)   % 积分数值结果
% 数值积分
f1 = inline('exp(- x.^2)','x'); % 给出函数
Q = quad(f1,0,1)  % 采用辛普森公式数值积分

f2 = inline('sqrt(1 + 4 * sin(2 * t).^2 + (cos(t)).^2)'); % 弧长计算公式
L = quad(f2,0,2 * pi) % 弧长计算结果
```

结果为

```
v = 0.74682413281242702539946743613185
Q = 0.74682418072642
L = 11.46092581720006
```

2. MATLAB 中二重与三重积分

(1) 二重积分采用函数为

y = dblquad(f,x1,x2,y1,y2,tol)

其中，f 为被积函数；[x1,x2] 是 x 的积分限；[y1,y2] 是 y 的积分限；tol 是误差限，默认值为 10^{-6}。

(2) 三重积分采用函数为

y = triplequad(f,x1,x2,y1,y2,z1,z2,tol)

其中,f 为被积函数;[x1,x2] 是 x 的积分限;[y1,y2] 是 y 的积分限;[z1,z2] 是 z 的积分限;tol 是误差限,默认值为 10^{-6}。

实验例子:

计算

$$y_2 = \int_{-1}^{1}\int_{-2}^{2} e^{-x^2/2}\sin(x^2+y)\,dx\,dy$$

$$y_3 = \int_{0}^{2}\int_{0}^{\pi}\int_{0}^{\pi} 4xz\,e^{-x^2y-z^2}\,dz\,dy\,dx$$

MATLAB 程序 jifen2. m 如下:

```
f2 = inline('exp(- x.^2/2). * sin(x.^2 + y)','x','y'); % 被积二元函数
y2 = dblquad(f2, -2,2, -1,1)  % 二重积分结果

f3 = inline('4 * x. * z. * exp(- x.^2. * y - z.^2)','x','y','z'); % 被积三元函数
y3 = triplequad(f3,0,2,0,pi,0,pi)
```

计算结果为

```
y2 = 1.5745
y3 = 3.1081
```

二、函数极值实验

在高等数学中求函数极值和函数作图是很常见的题目,这里用 MATLAB 可以很方便地进行求函数极值和作图。

例 2.1 求函数 $y=(x^2-1)^3+1$ 的极值并作出图形。

通过下面的 MATLAB 程序,可直接作出原函数及一阶导和二阶导图形,见图 2.6。利用符号公式,计算出一阶导的零点有 0, -1,1。同时计算出对应二阶导,只有当 $x=0$ 时为极小值,且极小值 = 0。具体计算见 MATLAB 程序。其他函数求极值相类似。

MATLAB 程序如下:

```
syms x;  % 申明其为符号变量
y = (x^2 - 1)^3 + 1; % 函数
y1 = diff(y,x); % 求一阶导数
y2 = diff(y1,x); % 求二阶导数
subplot(3,1,1);
ezplot(y,[-1.5,1.5]); % 作原图
subplot(3,1,2);
ezplot(y1,[-1.5,1.5]) % 作一阶导数图
subplot(3,1,3);
ezplot(y2,[-1.5,1.5]) % 作二阶导数图
x0 = solve(y1) % 求一阶导数为 0 的点
```

y0 = subs(y2,x,x0) % 求一阶导数为 0 的点处的二阶导

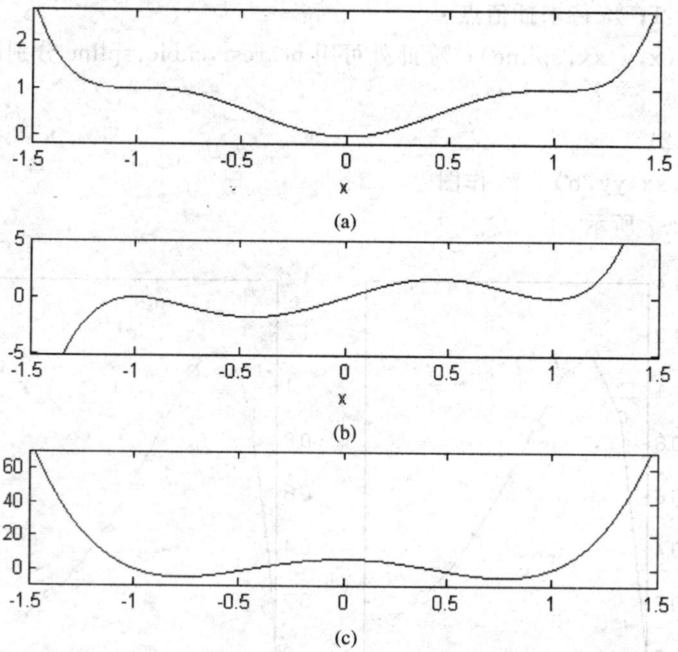

图 2.6　原函数及一阶导和二阶导图形

(a) 原函数 $y=(x^2-1)^3+1$；(b) 一阶导 $y_1=6(x^2-1)^2x$；

(c) 二阶导 $y_2=24(x^2-1)x^2+6(x^2-1)^2$

实验六　样条插值实验

MATLAB 的一维插值函数为 interp1()，调用格式为

yy = interp1(x,y,xx,方法)

其中，x = [x1,x2,…,xn]′，y = [y1,y2,…,yn]′，两个向量分别为给定的一组自变量和函数值，用来表示已知样本点数据；xx 为待求插值点处横坐标；yy 为返回的对应纵坐标。

插值方法可以选用默认的 linear(线性插值)，nearest(最近邻等值方式)，cubic(三次 Hermite 插值)，spline(三次样条插值)。一般可采用样条插值。

一、实验 1

作函数 $y=(x^2-3x+7)e^{-4x}\sin(2x)$ 在[0,1]取间隔为 0.1 的点图，用插值进行实验。

MATLAB 程序 chazhi1.m 如下：

```
x = 0:0.1:1;
y = (x.^2 - 3 * x + 7). * exp(- 4 * x). * sin(2 * x);  % 产生原始数据

subplot(1,2,1);
plot(x,y,x,y,'ro')  % 作图
```

```
xx = 0:0.02:1; % 待求插值点
yy = interp1(x,y,xx,'spline'); % 此处可用 nearest,cubic,spline 分别试验

subplot(1,2,2)
plot(x,y,'ro',xx,yy,'b')   % 作图
```

结果图如图 2.7 所示。

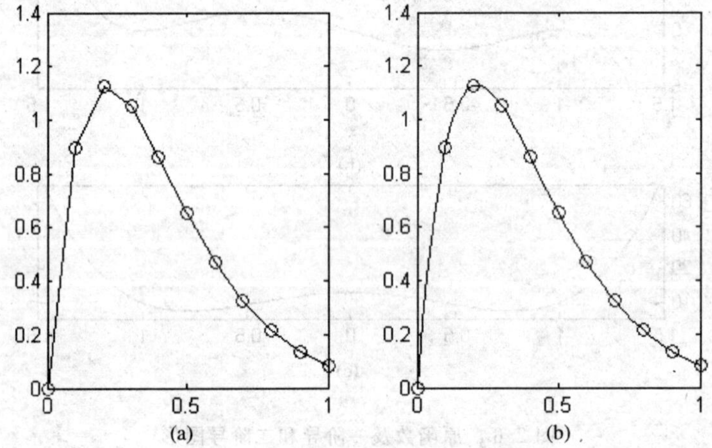

图 2.7　原始点图及样条插值图

(a) 原始点图；(b) 样条插值图

二、实验 2　AMCM91A 估计水塔水流量①

美国某州的各用水管理机构要求各社区提供以每小时多少加仑(UK gal)计的用水率以及每天总的用水量,但许多社区并没有测量水流入或流出当地水塔的水量的设备,只能代之以每小时测量水塔中的水位,精度在 0.5% 以内。更重要的是,无论什么时候,只要水塔中的水位下降到某一最低水位 L 时,水泵就启动向水塔重新充水至某一最高水位 H,但也无法得到水泵的供水量的测量数据。因此,在水泵工作时,人们容易建立水塔中的水位与水泵工作时的用水量之间的关系。水泵每天向水塔充水一次或两次,每次约两小时。

试估计在任何时刻,甚至包括水泵正在工作期间内,水从水塔流出的流量 $f(t)$,并估计一天的总用水量,表 2.1 中给出了某个真实小镇某一天的真实数据。

表 2.1 中给出了从第一次测量开始的以秒为单位的时刻,以及该时刻的高度单位为 1% 英尺的水塔中水位的测量值。例如,3 316 s 后,水塔中的水位达到 31.10 ft。水塔是一个垂直圆形柱体,高为 40 ft,直径为 57 ft,通常当水塔的水位降至 27.00 ft 时水泵开始向水塔充水,而当水塔的水位升至 35.50 ft 时水泵停止工作。

① 该问题来源于美国数学建模竞赛 1991 年 A 题。其中,1 ft = 0.304 8 m,1 UK gal = 4.546 09 L。

表 2.1　某小镇某天的水塔水位

时间 /s	0	3 316	6 635	10 619	13 937	17 921	21 240	25 223	28 543
水位 /0.01 ft	3 175	3 110	3 054	2 994	2 947	2 892	2 850	2 797	2 752
时间 /s	32 284	35 935	39 332	39 435	43 318	46 636	49 953	53 936	57 254
水位 /0.01 ft	2 697	水泵工作	水泵工作	3 550	3 445	3 350	3 260	3 167	3 087
时间 /s	60 574	64 554	68 535	71 854	75 021	79 154	82 649	85 968	89 953
水位 /0.01 ft	3 012	2 927	2 842	2 767	2 697	水泵工作	水泵工作	3 475	3 397
时间 /s	93 270								
水位 /0.01 ft	3 340								

分析与解答

1. 水塔充水时间的确定

(1) 第一次充水时间的确定。当时间 $t = 32\ 284$ s时，水位为 26.97 ft，约低于最低水位 27 ft，因此可作为第一次开始充水时刻。

当 $t = 39\ 435$ s 时，水塔水位为 35.5 ft，恰为最高水位，因此可作为第一次充水的结束时刻。充水时间为 $dt = (39\ 435 - 32\ 284)/3\ 600 = 1.986\ 4$ h，也接近充水时间 2 h。

(2) 第二次充水时间的确定。当时间 $t = 75\ 021$ s时，水位为 26.97 ft，约低于最低水位 27 ft，因此可作为第二次开始充水时刻。

当 $t = 82\ 649$ s 时，水泵在工作，但充水时间达到 $dt = (82\ 649 - 75\ 021)/3\ 600 = 2.118\ 9$ h；但下一时刻 $t = 85\ 968$ s 时，水塔水位为 34.75 ft，低于最高水位 35.50 ft。

因此，可将 $t = 82\ 649$ s 作为第二次充水的结束时刻，且该时刻水位为最大充水高度 35.50 ft。

2. 计算各时刻塔内水的体积(见表 2.2)

体积计算公式为

$$V = \pi d^2 h/4$$

表 2.2　不同时刻水体积表

时间 /h	水体积 /UK gal	时间 /h	水体积 /UK gal	时间 /h	水体积 /UK gal
0(1)	606 125	10.954 2 (2)	677 715	20.839 2	514 872
0.921 1	593 716	12.032 8	657 670	22.958 1 (3)	677 715
1.843 1	583 026	12.954 4	639 534	23.880 0	663 397
2.949 7	571 571	13.875 8	622 352	24.986 9	648 506
3.871 4	562 599	14.982 2	604 598	25.908 3	637 625

续 表

时间 /h	水体积 /UK gal	时间 /h	水体积 /UK gal	时间 /h	水体积 /UK gal
4.978 1	552 099	15.903 9	589 325		
5.900 0	544 081	16.826 1	575 008		
7.006 4	533 963	17.931 7	558 781		
7.928 6	525 372	19.037 5	542 554		
8.967 8	514 872	19.959 4	528 236		

注:(1) 表示第一段开始,(2) 表示第二段开始,(3) 表示第三段开始。

3. 计算各时刻点的水流量

水流量公式为

$$f(t)=\left|\frac{\mathrm{d}V(t)}{\mathrm{d}t}\right|$$

以上 25 个时刻处的水流量采用差分的方法得到,共分三段分别处理。

(1) 对每段前两点采用向前差分公式

$$f(t_i)=\left|\frac{-3V_i+4V_{i+1}-V_{i+2}}{2(t_{i+1}-t_i)}\right|$$

(2) 对每段最后两点采用向后差分公式

$$f(t_i)=\left|\frac{3V_i-4V_{i-1}+V_{i-2}}{2(t_i-t_{i-1})}\right|$$

(3) 对每段中间点采用中心差分公式

$$f(t_i)=\left|\frac{-V_{i+2}+8V_{i+1}-8V_{i-1}+V_{i-2}}{12(t_{i+1}-t_i)}\right|$$

得到各点水流量表如表 2.3 所示。

表 2.3 不同时刻水流量表

时间 /h	水流量 /(UK gal · h^{-1})	时间 /h	水流量 /(UK gal · h^{-1})	时间 /h	水流量 /(UK gal · h^{-1})
0 (1)	14 404	10.954 2 (2)	19 469	20.839 2	14 648
0.921 1	11 182	12.032 8	20 195	22.958 1 (3)	15 220
1.843 1	10 063	12.954 4	18 941	23.880 0	15 263
2.949 7	11 012	13.875 8	15 903	24.986 9	13 711
3.871 4	8 798	14.982 2	18 055	25.908 3	9 634
4.978 1	9 991	15.903 9	15 646		
5.900 0	8 124	16.826 1	13 742		
7.006 4	10 161	17.931 7	14 962		
7.928 6	8 487	19.037 5	16 652		
8.967 8	11 023	19.959 4	14 495		

注:(1) 表示第一段开始,(2) 表示第二段开始,(3) 表示第三段开始。

4. 用三次样条拟合流量数据

对表 2.3 中 25 个时刻点的流量数据采用三次样条插值得到一条光滑曲线，作为任意时刻的流量曲线，见图 2.8。

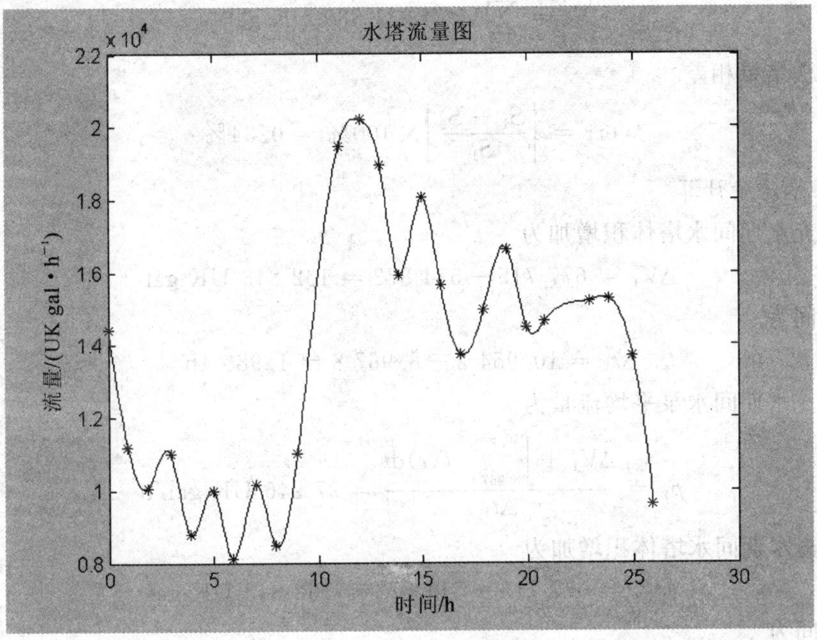

图 2.8　水塔流量图

（* 表示数据点，实线为样条曲线）

5. 一天总用水量计算

(1) 直接积分法。

$$S_1 = \int_0^{24} f(t)\mathrm{d}t = 332\ 986 \text{ UK gal}$$

(2) 分段计算法。

第一次充水前用水

$$V_1 = 606\ 125 - 514\ 872 = 91\ 253 \text{ UK gal}$$

第一次充水后第二次充水前用水

$$V_2 = 677\ 715 - 514\ 872 = 162\ 843 \text{ UK gal}$$

[22.958 1,23.88] 期间用水

$$V_3 = 677\ 715 - 663\ 397 = 14\ 318 \text{ UK gal}$$

第一次充水期间用水

$$V_4 = \int_{8.967\ 8}^{10.954\ 2} f(t)\mathrm{d}t = 30\ 326 \text{ UK gal}$$

第二次充水期间用水

$$V_5 = \int_{20.839\ 2}^{22.958\ 1} f(t)\mathrm{d}t = 31\ 605 \text{ UK gal}$$

[23.88,24] 期间用水

$$V_6 = \int_{23.88}^{24} f(t)\mathrm{d}t = 1\ 524 \text{ UK gal}$$

总共用水

$$S_2 = \sum_{i=1}^{6} V_i = 331\ 869 \text{ UK gal}$$

两种方法结果相差

$$\text{err} = \left|\frac{S_1 - S_2}{S_1}\right| \times 100\% = 0.34\%$$

6. 水泵水流量计算

第一次充水期间水塔体积增加为

$$\Delta V_1 = 677\ 715 - 514\ 872 = 162\ 843 \text{ UK gal}$$

充水时间为

$$\Delta t_1 = 10.954\ 2 - 8.967\ 8 = 1.986\ 4\text{h}$$

第一次充水期间水泵平均流量为

$$p_1 = \frac{\Delta V_1 + \int_{8.967\ 8}^{10.954\ 2} f(t)\mathrm{d}t}{\Delta t_1} = 97\ 246 \text{ UK gal/h}$$

第二次充水期间水塔体积增加为

$$\Delta V_2 = 677\ 715 - 514\ 872 = 162\ 843 \text{ UK gal}$$

充水时间为

$$\Delta t_2 = 22.958\ 1 - 20.839\ 2 = 2.118\ 9 \text{ h}$$

第二次充水期间水泵平均流量为

$$p_2 = \frac{\Delta V_2 + \int_{20.839\ 2}^{22.958\ 1} f(t)\mathrm{d}t}{\Delta t_2} = 91\ 769 \text{ UK gal/h}$$

则整个充水期间水泵平均流量为

$$p = (p_1 + p_2)/2 = 94\ 507 \text{ UK gal/h}$$

MATLAB 程序如下：

```
%AMCM91A
c = 0.3048; %1 ft 等于 0.3048 m
p = 1.0/3.785; %1 L = 1/3.785411 UK gal
d = 57 * c;
h = 31.75 * c;
v = pi * d * d * h/4 * 1000 * p;
data = [0,3175;
    3316,3110;
    6635,3054;
    10619,2994;
    13937,2947;
    17921,2892;
```

```
    21240,2850;
    25223,2797;
    28543,2752;
    32284,2697;
    39435,3550;
    43318,3445;
    46636,3350;
    49953,3260;
    53936,3167;
    57254,3087;
    60574,3012;
    64554,2927;
    68535,2842;
    71854,2767;
    75021,2697;
    82649,3550;
    85968,3475;
    89953,3397;
    93270,3340];% 原始数据
t = data(:,1)/3600;% 计算时间(单位:h)
v = pi * d * d * data(:,2)/100 * c/4 * 1000 * p;% 计算体积

% 计算差分
n = length(v);
f = zeros(n,1); % 存储差分值
% 计算第一段
n1 = 10;
for i = 1:n1
 if i <= 2  % 前两点采用向前差分
     f(i) = abs(-3 * v(i) + 4 * v(i+1) - v(i+2))/(2 * (t(i+1) - t(i)));
elseif i <= n1 - 2
    % 采用三点中心差分公式
     f(i) = abs(-v(i+2) + 8 * v(i+1) - 8 * v(i-1) + v(i-2))/(12 * (t(i+1) -
t(i)));
elseif i >= n1 - 1
         f(i) = abs(3 * v(i) - 4 * v(i-1) + v(i-2))/(2 * (t(i) - t(i-1)));
    end
```

```
end

% 计算第二段
n2 = 21;
for i = n1 + 1:n2
 if i <= n1 + 2  % 前两点采用向前差分
      f(i) = abs(-3 * v(i) + 4 * v(i+1) - v(i+2))/(2 * (t(i+1) - t(i)));
elseif i <= n2 - 2
      f(i) = abs(-v(i+2) + 8 * v(i+1) - 8 * v(i-1) + v(i-2))/(12 * (t(i+1) -
t(i)));
elseif i >= n2 - 1
        f(i) = abs(3 * v(i) - 4 * v(i-1) + v(i-2))/(2 * (t(i) - t(i-1)));
   end
end

% 计算第三段
n3 = 25;
for i = n2 + 1:n3
 if i <= n2 + 2  % 前两点采用向前差分
      f(i) = abs(-3 * v(i) + 4 * v(i+1) - v(i+2))/(2 * (t(i+1) - t(i)));
elseif i <= n3 - 2
      f(i) = abs(-v(i+2) + 8 * v(i+1) - 8 * v(i-1) + v(i-2))/(12 * (t(i+1) -
t(i)));
elseif i >= n3 - 1
        f(i) = abs(3 * v(i) - 4 * v(i-1) + v(i-2))/(2 * (t(i) - t(i-1)));
   end
end

plot(t,f,'r*'); % 画原始点图

tmin = min(t); tmax = max(t);
tt = tmin:0.1:tmax; % 获得离散的时间点,用于作样条曲线
ff = spline(t,f,tt); % 计算三次样条插值
hold on
plot(tt,ff,'b'); % 画样条曲线
xlabel('时间 /(h)');
ylabel('流量 /(UK gal · h^-1)');
```

```
title('水塔流量图');
hold off

dt = 0.05;
t2 = 0.5:dt:24.5; % 获得离散的时间点,用于积分
nn = length(t2);
f2 = spline(t,f,t2);
% 计算 24 小时用水量,采用复化梯形公式
s = (f2(1) + f2(nn) + 2 * sum(f2(2:nn - 1))) * dt/2   ;
fprintf('(全部积分法)1 天总水流量 s = %8.2f\n',s);

 % 第一次水塔增加的水
 v10 = v(11) - v(10);
 dt1 = t(11) - t(10);
 % 第一次充水其间流出的水
 tp = t(10):dt:t(11);
 nn = length(tp);
 yp = spline(t,f,tp);% 计算三次样条插值
 v11 = (yp(1) + yp(nn) + 2 * sum(yp(2:nn-1))) * dt/2   ;
 v1 = v10 + v11;% 第一次充水总量
 p1 = v1/dt1; % 第一次充水的平均水流量

 % 第二次水塔增加的水
 v20 = v(22) - v(21);
 dt2 = t(22) - t(21);
 % 第二次充水其间流出的水
 tp1 = t(21):dt:t(22);
 nn = length(tp1);
 yp1 = spline(t,f,tp1);% 计算三次样条插值
 v21 = (yp1(1) + yp1(nn) + 2 * sum(yp1(2:nn - 1))) * dt/2   ;
 v2 = v20 + v21;% 第二次充水总量
 p2 = v2/dt2; % 第二次充水的平均水流量

 p = (p1 + p2)/2;  % 两次充水平均水流量
 fprintf('两次充水平均水流量 p = %8.2f\n',p);

 % 第一次充水前总流量
 vv1 = v(1) - v(10);
 % 两次充水间总流量
```

```
vv2 = v(11) - v(21);
% t = 83649 到 85968 间流量
vv3 = v(22) - v(23);
% 第一次充水期间流量
ta = t(10):dt:t(11); % 获得离散的时间点,用于积分
nn = length(ta);
fa = spline(t,f,ta);

s1 = (fa(1) + fa(nn) + 2 * sum(fa(2:nn - 1))) * dt/2  ;

% 第二次充水期间流量
tb = t(21):dt:t(22); % 获得离散的时间点,用于积分
nn = length(tb);
fb = spline(t,f,tb);
s2 = (fb(1) + fb(nn) + 2 * sum(fb(2:nn - 1))) * dt/2  ;

%t = 85968 到 86400 间流量

tc = t(23):dt:24; % 获得离散的时间点,用于积分
nn = length(tc);
fc = spline(t,f,tc);
s3 = (fc(1) + fc(nn) + 2 * sum(fc(2:nn - 1))) * dt/2  ;
ss = vv1 + vv2 + vv3 + s1 + s2 + s3;
fprintf('(部分积分法)1 天总水流量 ss = %8.2f\n',ss);

err = abs((s - ss)/s);
fprintf(' 两种计算法总量相对误差 %6.2f%%\n',err * 100);
```

实验七　人口发展模型实验

一、马尔萨斯人口模型

设 t 时刻时人口为 $x(t)$,单位时间内人口增长率为 r,则 Δt 时间内增长的人口为

$$x(t + \Delta t) - x(t) = x(t) r \Delta t$$

当 $\Delta t \to 0$ 时,得到微分方程

$$\frac{\mathrm{d}x}{\mathrm{d}t} = rx, \quad x(0) = x_0$$

则

$$x(t) = x_0 \mathrm{e}^{rt}$$

待求参数 x_0，r。为便于求解，对上式两边取对数有

$$y = a + rt$$

其中，$y = \ln x$，$a = \ln x_0$，该模型化为线性求解。

二、阻滞型人口模型

设 t 时刻时人口为 $x(t)$，环境允许的最大人口数量为 x_{m}，人口净增长率随人口数量的增加而线性减少，即

$$r(t) = r\left(1 - \frac{x}{x_{\mathrm{m}}}\right)$$

由此建立阻滞型人口微分方程

$$\frac{\mathrm{d}x}{\mathrm{d}t} = r\left(1 - \frac{x}{x_{\mathrm{m}}}\right)x, \quad x(0) = x_0$$

则

$$x(t) = \frac{x_{\mathrm{m}}}{1 + \left(\frac{x_{\mathrm{m}}}{x_0} - 1\right)\mathrm{e}^{-rt}}$$

待求参数 x_0，x_{m}，r。此即为 Logistic 函数。

当 $x = \frac{x_{\mathrm{m}}}{2}$ 时，x 增长最快，即 $\frac{\mathrm{d}x}{\mathrm{d}t}$ 最大。

$\frac{\mathrm{d}x}{\mathrm{d}t}-x$ 图如图 2.9(a) 所示，$x-t$ 图如图 2.9(b) 所示。

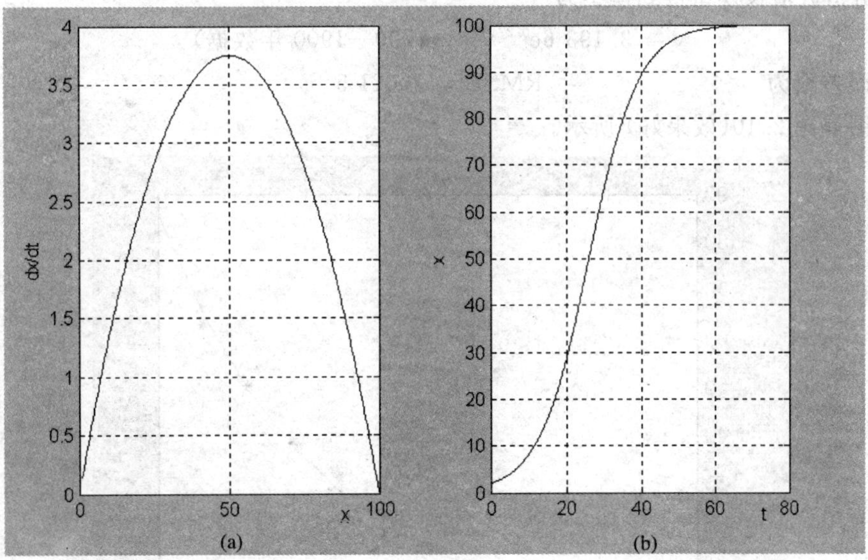

图 2.9 $\frac{\mathrm{d}x}{\mathrm{d}t}-x$ 图及 $x-t$ 图

(a) $\frac{\mathrm{d}x}{\mathrm{d}t}-x$ 图； (b) $x-t$ 图

三、实际数据处理

1. 美国人口数据处理

美国人口数据见表 2.4。

表 2.4 美国人口数据表 人口数量单位:百万

年份 / 年	1790	1800	1810	1820	1830	1840	1850	1860
实际人口	3.9	5.3	7.2	9.6	12.9	17.1	23.2	31.4
指数模型	4.188 4	5.510 5	7.249 8	9.538	12.549	16.509 7	1.720 9	28.576 9
阻滞模型	7.698 1	9.509 6	11.736 1	14.466 7	17.807	21.878 2	26.822 9	32.798 7
年份 / 年	1870	1880	1890	1900	1910	1920	1930	1940
实际人口	38.6	50.2	62.9	76.0	92.0	106.5	123.2	131.7
指数模型	37.597	49.464	65.077	85.618				
阻滞模型	39.979	48.547 0	58.686 1	70.567 3	84.331	100.065	117.779	137.387
年份 / 年	1950	1960	1970	1980	1990	2000		
实际人口	150.7	179.3	204.0	226.5	251.4	281.4		
指数模型								
阻滞模型	158.683	181.3439	204.938	228.951	252.834	276.048		

(1) 由指数增长模型得到模型为

$$y = 3.193\,6e^{0.274\,3t} \quad (1790\text{—}1900\text{ 年数据})$$

均方误差根为 $\mathrm{RMSE} = 3.021\,5$

结果图如图 2.10(效果好) 所示。

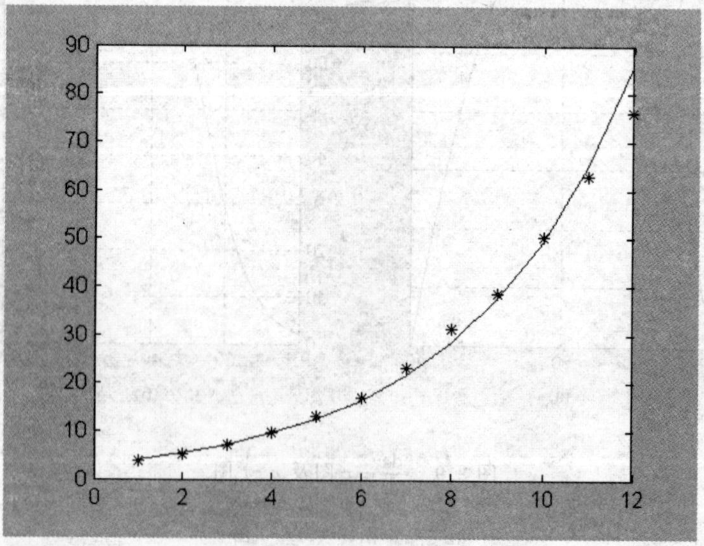

图 2.10 指数模型(1790—1900 年,1790 年为第 1 个 10 年,
* 为原数据,实线为拟合值)

$$y = 4.938\,4e^{0.202\,2t}\quad(1790\text{—}2000\text{ 年数据})$$

均方误差根为

$$\text{RMSE} = 39.824\,5$$

结果图见图 2.11(效果不好)。

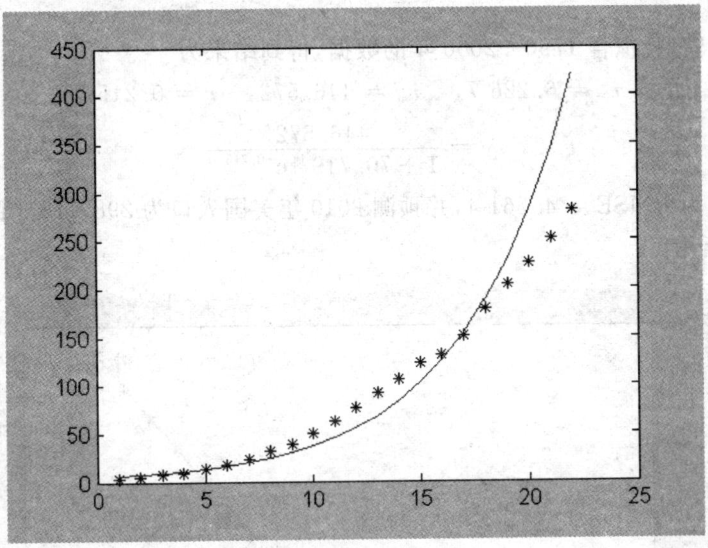

图 2.11　美国人口指数模型(1790—2000 年,1790 年为第 1 个 10 年,
* 为原数据,实线为拟合值)

指数模型求解的 MATLAB 程序 population_america1. m 如下:

```
% 美国人口模型,指数增长模型
x = [3.9,5.3,7.2,9.6,12.9,17.1,23.2,31.4,38.6,50.2,62.9,76.0,...
     92.0,106.5,123.2,131.7,150.7,179.3,204.0,226.5,251.4,281.4]';
n = 12;
xx = x(1:n);%1790—1900 年数据
t = [ones(n,1),(1:n)'];
y = log(xx(1:n));
[b,bint,r,rint,stats] = regress(y,t);
RR = stats(1);% 复相关系数
F = stats(2);%F 统计量值
prob = stats(3); % 概率
x0 = exp(b(1)); % 参数 x0;
r = b(2); % 参数 r

py = x0 * exp(r * t(:,2)); % 预测数据

err = xx - py;
```

```
rmse = sqrt(sum(err.^2)/n); % 均方误差根

plot(1:n,xx,'*',1:n,py); % 作对比图
```

(2) 阻滞型模型。拟合 1790—2000 年的数据，得到结果为

$$x_0 = 6.2267,\quad x_m = 446.572,\quad r = 0.2155$$

$$y = \frac{446.572}{1 + 70.7191e^{-0.2155t}}$$

均方误差根为 RMSE = 4.5614，并预测 2010 年美国人口为 298.1138 百万。结果图如图 2.12(效果好) 所示。

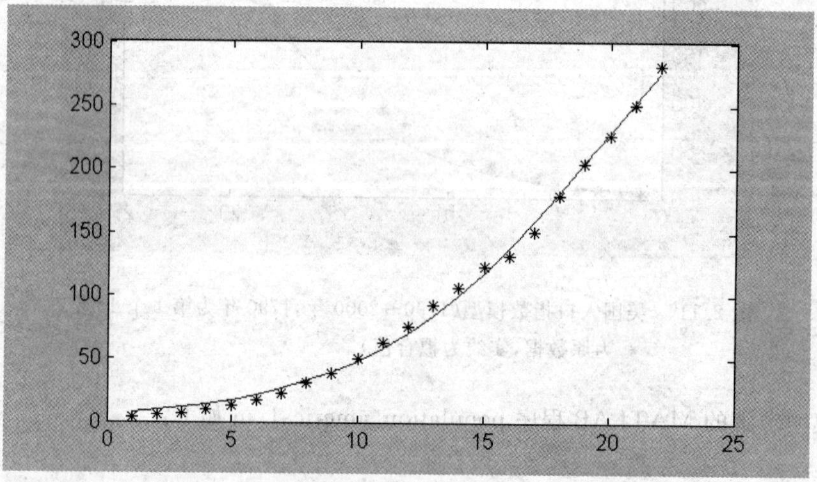

图 2.12　美国人口阻滞型模型(1790—2000 年，1790 年为第 1 个 10 年，* 为原数据，实线为拟合值)

MATLAB 程序 population_america2.m 如下：

```
% 美国人口模型,阻滞型增长模型
% 非线性回归
x = [3.9,5.3,7.2,9.6,12.9,17.1,23.2,31.4,38.6,50.2,62.9,76.0,...
        92.0,106.5,123.2,131.7,150.7,179.3,204.0,226.5,251.4,281.4]';

n = 22;
y = x(1:n);%1790—1900 年数据
t = (1:n)';
beta0 = [5.3,0.22,400,]; %[x0,r,xm]
[beta,R,J] = nlinfit(t,y,'logisfun',beta0);
%R 为残差,beta 为待求参数
py = beta(3)./(1+(beta(3)/beta(1)-1)*exp(-beta(2)*t));% 预测各年人口
```

```
p23 = beta(3)./(1+(beta(3)/beta(1)-1)*exp(-beta(2)*23)); % 预测2010年人口

rmse = sqrt(sum(R.^2)/n); % 均方误差根

plot(1:n,y,'*',1:n,py); % 作对比图

% 拟合函数
logisfun.m
function yhat = logisfun(beta,x)
yhat = beta(3)./(1+(beta(3)./beta(1)-1).*exp(-beta(2)*x));
```

2. 世界人口数据处理

世界人口数据见表 2.5。拟合 1991—2004 年的数据,得到结果为

$$x_0 = 5.1649,\quad x_m = 8.7756,\quad r = 0.045$$

$$y = \frac{8.7756}{1+0.6991e^{-0.045t}} \quad (10\text{亿})$$

均方误差根为

$$\mathrm{RMSE} = 0.117$$

表 2.5 世界人口数据 单位:10 亿

年份 / 年	1991	1992	1993	1994	1995	1996	1997
实际人口	5.384 0	5.420 0	5.050 6	5.607 0	5.702 0	5.771 0	5.840 0
计算人口	5.260 0	5.354 3	5.447 7	5.540 0	5.631 3	5.721 4	5.810 3
年份 / 年	1998	1999	2000	2001	2002	2003	2004
实际人口	5.926 0	5.982 0	6.067 0	6.137 0	6.215 0	6.314 0	6.396 0
计算人口	5.897 9	5.984 2	6.069 1	6.152 5	6.234 4	6.314 8	6.393 6

MATLAB 程序 population_world.m 如下:

```
% 世界人口模型,阻滞型增长模型
% 非线性回归
x = [5.384,5.420,5.0506,5.607,5.702,5.771,5.840,5.926,5.982,...
    6.067,6.137,6.215,6.314,6.396]'; % 世界 1991—2004 年人口数据,单位 10 亿

n = length(x);
y = x(1:n); %1991—2004 年数据
t = (1:n)';
beta0 = [5.3,0.22,80]; %[x0,r,xm]
[beta,R,J] = nlinfit(t,y,'logisfun',beta0);
%R 为残差,beta 为待求参数
py = beta(3)./(1+(beta(3)/beta(1)-1)*exp(-beta(2)*t)); % 预测各年人口
```

```
p23 = beta(3)./(1+(beta(3)/beta(1)-1)*exp(-beta(2)*23)); % 预测 2010 年人口

rmse = sqrt(sum(R.^2)/n); % 均方误差根

plot(1:n,y,'*',1:n,py); % 作对比图

% 拟合函数
logisfun.m
function yhat = logisfun(beta,x)
yhat = beta(3)./(1+(beta(3)./beta(1)-1).*exp(-beta(2)*x))
```

结果图如图 2.13 所示。

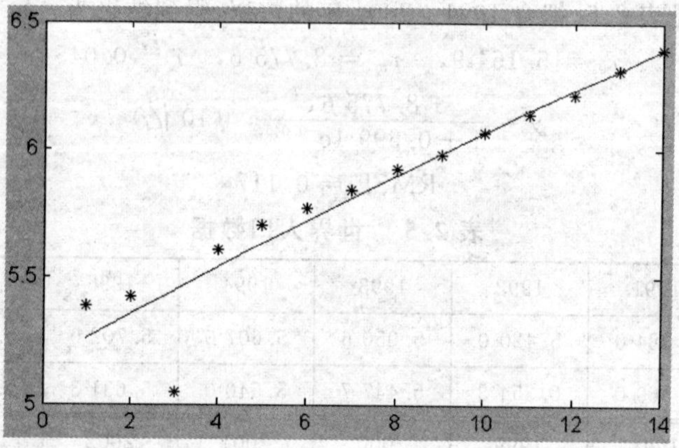

图 2.13 世界人口阻滞型模型(1991—2004 年,1991 年为第 1 年,* 为原数据,实线为拟合值)

3. 中国人口数据处理

中国人口数据见表 2.6。拟合 1949—2001 年的数据,得到结果为

$$x_0 = 5.130\,6, \quad x_m = 18.293\,9, \quad r = 0.034\,2$$

$$y = \frac{18.293\,9}{1 + 2.565\,6e^{-0.034\,2t}} \quad (亿)$$

均方误差根为 $\mathrm{RMSE} = 0.134\,6$

表 2.6 中国人口数据 单位:亿

年份 / 年	1949	1950	1951	1952	1953	1954	1955
实际人口	5.416 7	5.519 6	5.630 0	5.748 2	5.879 6	6.026 6	6.146 5
计算人口	5.258 0	5.387 2	5.518 3	5.651 2	5.785 8	5.922 1	6.060 1
年份 / 年	1956	1957	1958	1959	1960	1961	1962
实际人口	6.282 8	6.465 3	6.599 4	6.720 7	6.620 7	6.585 9	6.729 5
计算人口	6.199 6	6.340 8	6.483 4	6.627 4	6.772 8	6.919 5	7.067 5

续 表

年份/年	1963	1964	1965	1966	1967	1968	1969
实际人口	6.917 2	7.049 9	7.253 8	7.454 2	7.636 8	7.853 4	8.067 1
计算人口	7.216 6	7.366 8	7.517 9	7.670 0	7.823 0	7.976 7	8.131 1
年份/年	1970	1971	1972	1973	1974	1975	1976
实际人口	8.299 2	8.522 9	8.717 7	8.921 1	9.085 9	9.242 0	9.371 7
计算人口	8.286 0	8.441 5	8.597 4	8.753 6	8.910 0	9.066 6	9.223 2
年份/年	1977	1978	1979	1980	1981	1982	1983
实际人口	9.497 4	9.625 9	9.754 2	9.870 5	10.007 2	10.165 4	10.300 8
计算人口	9.379 8	9.536 2	9.692 4	9.848 3	10.003 8	10.158 8	10.313 2
年份/年	1984	1985	1986	1987	1988	1989	1990
实际人口	10.435 7	10.585 1	10.750 7	10.930 0	11.102 6	11.270 4	11.433 3
计算人口	10.466 9	10.619 9	10.772 0	10.923 2	11.073 4	11.222 5	11.370 5
年份/年	1991	1992	1993	1994	1995	1996	1997
实际人口	11.582 3	11.717 1	11.851 7	11.985 0	12.112 1	12.238 9	12.362 6
计算人口	11.517 2	11.662 7	11.806 7	11.949 4	12.090 6	12.230 2	12.368 2
年份/年	1998	1999	2000	2001			
实际人口	12.476 1	12.578 6	12.674 3	12.762 7			
计算人口	12.504 6	12.639 2	12.772 1	12.903 2			

结果图如图 2.14 所示。

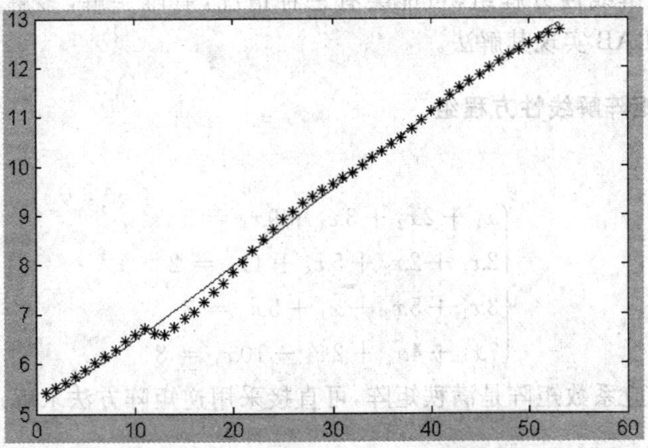

图 2.14　中国人口阻滞型模型(1949—2001 年,1949 年为第 1 年,* 为原数据,实线为拟合值)

MATLAB 程序 population_china. m 如下：

```
% 中国人口模型,阻滞型增长模型
% 非线性回归
x = [5.4167,5.5196,5.6300,5.7482,5.8796,6.0266,6.1465,6.2828,6.4653,...
    6.5994,6.7207,6.6207,6.5859,6.7295,6.9172,7.0499,7.2538,7.4542,...
    7.6368,7.8534,8.0671,8.2992,8.5229,8.7177,8.9211,9.0859,9.2420,...
    9.3717,9.4974,9.6259,9.7542,9.8705,10.0072,10.1654,10.3008,...
    10.4357,10.5851,10.7507,10.9300,11.1026,11.2704,11.4333,11.5823,...
    11.7171,11.8517,11.9850,12.1121,12.2389,12.3626,12.4761,12.5786,...
    12.6743,12.7627]';% 中国 1949—2001 年人口数据,单位:亿

n = length(x);
y = x(1:n);%1991—2004 年数据
t = (1:n)';
beta0 = [5.3,0.12,20,]; %[x0,r,xm]
[beta,R,J] = nlinfit(t,y,'logisfun',beta0);
%R 为残差,beta 为待求参数
py = beta(3)./(1+(beta(3)/beta(1)-1)*exp(-beta(2)*t));% 预测各年人口
p23 = beta(3)./(1+(beta(3)/beta(1)-1)*exp(-beta(2)*59));% 预测 2010 年人口
rmse = sqrt(sum(R.^2)/n); % 均方误差根

plot(1:n,y,'*',1:n,py); % 作对比图
```

实验八　线性方程组实验

在线性代数中求解线性方程组，可能会有三种情况：有唯一解，多解，无解(求最小二乘解)。下面利用 MATLAB 实现其解法。

一、直接利用逆矩阵解线性方程组

设线性方程组为

$$\begin{cases} x_1 + 2x_2 + 3x_3 + 9x_4 = 5 \\ 2x_1 + 2x_2 + 5x_3 + 4x_4 = 2 \\ 3x_1 + 5x_2 + x_3 + 5x_4 = 3 \\ 7x_1 + 4x_2 + 2x_3 - 10x_4 = 8 \end{cases}$$

该线性方程组对应系数矩阵是满秩矩阵，可直接采用逆矩阵方法求解。程序为

```
A = [1,2,3,9;
     2,2,5,4;
     3,5,1,5;
```

```
    7,4,2,-10];
b = [5,2,3,8]';
x = inv(A) * b
```

得到解为

x = 4.922 7，-3.237 3，-1.168 0，1.117 3

二、求线性方程组通解

$$\begin{cases} x_1 + 5x_2 - 3x_3 - x_4 = -1 \\ x_1 - 2x_2 + x_3 + 3x_4 = 3 \\ 3x_1 + 8x_2 - x_3 + x_4 = 1 \\ x_1 - 9x_2 + 3x_3 + 7x_4 = 7 \end{cases}$$

输入如下程序，得到系数矩阵和增广矩阵的秩都为 2，说明该方程组有多解，且基础解系为 4 - 2 = 2。

对多解方程组，关键是求出基础解系和方程组的一个特解。求基础解系用函数 Z = null(A,'r')，可获得标准化的基础解系。特解采用广义逆函数 pinv(A)，可求得 A 的广义逆矩阵，采用 x0 = pinv(A) * b 可求得特解。

MATLAB 程序如下：

```
A = [1,5,-1,-1;
     1,-2,1,3;
     3,8,-1,1;
     1,-9,3,7];
b = [-1,3,1,7]';
r1 = rank(A)   % 系数矩阵的秩
r2 = rank(A,b)   % 增广矩阵的秩
Z = null(A,'r')   % 求基础解系
x0 = pinv(A) * b   % 求得特解

% 下面程序验证该解
k1 = rand(1);   % 产生任意一个随机数 k1
k2 = rand(1);   % 产生任意一个随机数 k2
x = k1 * Z(:,1) + k2 * Z(:,2) + x0 % 任取一个解验证
err = norm(A * x - b)   % 与原方程右端向量的比较
```

得到的结果为：

```
r1 = 2, r2 = 2
Z = -0.4286   -1.8571
     0.2857    0.5714
     1.0000         0
          0    1.0000
```

```
x0 = 0.378 5
    -0.087 6
     0.187 3
     0.753 0
x =-0.955 0
     0.391 1
     0.632 0
     1.368 4
err = 1.017 5e-015
```

从上面结果可以得到，方程组通解为

$$\boldsymbol{x} = k_1\begin{pmatrix}-0.4286\\0.2857\\1\\0\end{pmatrix}+k_2\begin{pmatrix}-1.8571\\0.5714\\0\\1\end{pmatrix}+\begin{pmatrix}0.3785\\-0.0876\\0.1873\\0.7530\end{pmatrix}$$

程序中 k_1,k_2 产生两个随机数获得一个特解代入方程组进行验证，误差为 10^{-15}，说明解成立。

三、矛盾方程组的最小二乘解

某公司为了推销产品，研究广告费用 x 与获得的纯利润 y 之间的关系，以确定最佳的广告策略。调查以往的情况，有表 2.7 所示数据：

表 2.7 原始数据表

x	1	1	2	2	2	3
y	14.8	15.9	20.2	20.0	18.55	22.2
x	3	4	4	4	5	6
y	20.9	21	18.3	20.7	16.1	14.75

采用一次、二次函数拟合进行比较。

(1) 采用一次拟合，函数为 $y = a + bx$，将 12 个数据代入方程得

$$y_i = a + bx_i \quad i = 1,2,3,\cdots,12 \tag{1}$$

(x_i, y_i) 为对应表中 12 组数据，得到的方程组为矛盾方程组。

(2) 采用二次拟合，函数为 $y = a + bx + cx^2$，将 12 个数据代入方程得

$$y_i = a + bx_i + cx_i^2 \quad i = 1,2,3,\cdots,12 \tag{2}$$

(x_i, y_i) 为对应表中 12 组数据，得到的方程组也为矛盾方程组。

不管对方程组(1) 还是方程组(2)，对应的矩阵方程都为 $\boldsymbol{Y} = \boldsymbol{AX}$。其中，方程组(1) 对应的矩阵 $\boldsymbol{A}_1$ 和方程组(2) 对应的矩阵 $\boldsymbol{A}_2$ 为

$$\boldsymbol{A}_1 = \begin{bmatrix}1 & x_1\\1 & x_2\\\vdots & \vdots\\1 & x_{12}\end{bmatrix}$$

$$\boldsymbol{A}_2=\begin{bmatrix}1 & x_1 & x_1^2\\ 1 & x_2 & x_2^2\\ \vdots & \vdots & \vdots\\ 1 & x_{12} & x_{12}^2\end{bmatrix}$$

对应的向量

$$\boldsymbol{Y}=[y_1,y_2,\cdots,y_{12}]'$$

方程组(1) 的解为 x1 = pinv(A1) * Y，方程组(2) 的解为 x2 = pinv(A2) * Y。

方程组(1) 解的均方误差为

$$\mathrm{RMSE}=\sqrt{\frac{\sum_{i=1}^{12}[y_i-(a+bx_i)]^2}{12}}$$

MATLAB 表达式为

rmse1 = sqrt((Y − A1 * x1).^2)

方程组(2) 解的均方误差为

$$\mathrm{RMSE}=\sqrt{\frac{\sum_{i=1}^{12}[y_i-(a+bx_i+cx_i^2)]^2}{12}}$$

MATLAB 表达式为

rmse2 = sqrt((Y − A2 * x2).^2)

MATLAB 程序如下：

```
A1 = [1,1; 1,1; 1,2;1,2;1,2;1,3;1,3;1,4;1,4;,1,4;,1,5;,1,5];
X = [1,1,2,2,2,3,3,4,4,4,5,6];
Y = [14.8,15.9,20.2,20.0,18.55,22.20,20.90,21.0,18.30,20.70,16.10,14.75]';
n = length(X);
x1 = pinv(A1) * Y   % 线性方程回归系数
rmse1 = sqrt(sum((Y - A1 * x1).^2)/n)   % 均方误差
A2 = [1,1,1; 1,1,1;1,2,4;1,2,4;1,2,4;1,3,9;1,3,9;1,4,16;1,4,16;1,4,16;1,5,
25;1,5,25];
x2 = pinv(A2) * Y   % 线性方程回归系数
rmse2 = sqrt(sum((Y - A2 * x2).^2)/n)   % 均方误差
xmin = min(X);
xmax = max(X);
nx1 = xmin:0.2:xmax; % 画图计算 x 点
ny1 = x1(1) + x1(2) * nx1; % 计算直线上对应 y
nx2 = nx1;
ny2 = x2(1) + x2(2) * nx2 + x2(3) * nx2.^2; % 二次曲线结果
plot(X,Y,'*',nx1,ny1,'+b',nx2,ny2,'r') % 作出比较曲线
```

得到的解为

x1 = 18.405 3
       0.070 5
rmse1 = 2.512 0
x2 = 7.627 1
       9.094 1
    −1.503 9
rmse2 = 0.847 6

则得到的一次回归方程为 $y = 18.4053 + 0.0705x$，均方误差为 2.512 0；得到的二次回归方程为 $y = 7.6271 + 9.0941x - 1.5039x^2$，均方误差为 0.847 6，显然二次回归更好。结果图如图 2.15 所示。

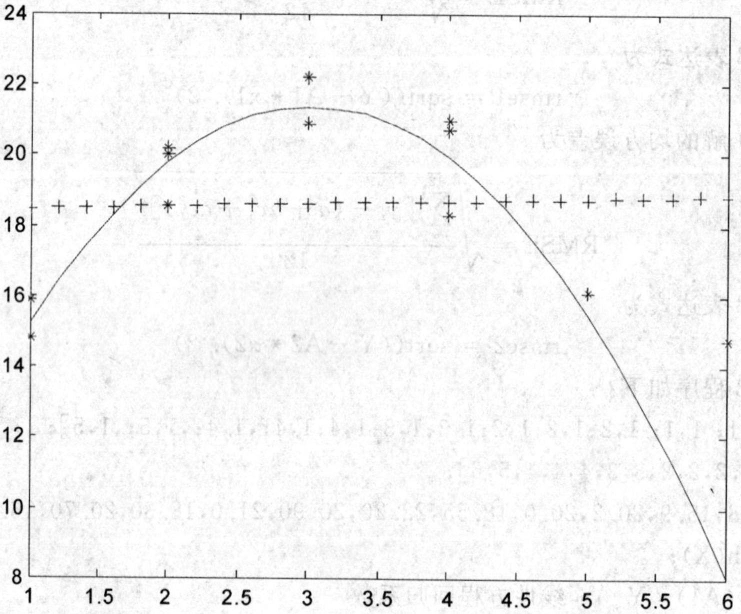

图 2.15　拟合曲线图（* 为原始数据，蓝色 + 为直线拟合，红色实线为二次曲线拟合）

实验九　动物繁殖问题实验

某农场饲养的某种动物能达到的最大年龄为 15 岁，将其分成 3 个年龄组：第 1 组 1 ~ 5 岁，第 2 组 6 ~ 10 岁，第 3 组 11 ~ 15 岁。动物从第 2 年龄组开始繁殖后代。经过长期统计，第 2 年龄组动物在其年龄段平均繁殖 4 个后代，第 3 年龄组动物在其年龄段平均繁殖 3 个后代。第 1 年龄组和第 2 年龄组动物能顺利进入下一年龄组的存活率分别为 0.5 和 0.25。假设农场现有 3 个年龄组的动物各有 1 000 头。

(1) 15 年后 3 个年龄段的动物各多少头？

(2) 当时间无限长时，各年龄组动物数量比例的极限状况。

(3) 将模型推广到关于年龄分布的人口预测模型。

分析与解答

1. 该问题按如下方式进行观察结果

	1～5年	6～10年	11～15年
初始	1 000	1 000	1 000
5年后	7 000	5 000	250
10年后	2 750	3 500	125
15年后	14 375	1 375	875

2. 理论分析

将15年分为3个周期，每个周期为5年。

设 $x_i(k)$ 为第 k 个周期的第 i 个年龄组的动物数量，则有

$$x_1(k) = 4x_2(k-1) + 3x_3(k-1)$$
$$x_2(k) = 0.5x_1(k-1)$$
$$x_3(k) = 0.25x_2(k-1)$$

写成矩阵为

$$\begin{pmatrix} x_1(k) \\ x_2(k) \\ x_3(k) \end{pmatrix} = \begin{pmatrix} 0 & 4 & 3 \\ 0.5 & 0 & 0 \\ 0 & 0.25 & 0 \end{pmatrix} \begin{pmatrix} x_1(k-1) \\ x_2(k-1) \\ x_3(k-1) \end{pmatrix}$$

其中

$$x_1(0) = 1\,000, \quad x_2(0) = 1\,000, \quad x_3(0) = 1\,000$$

写成一般形式为

$$\boldsymbol{X}(k) = \boldsymbol{AX}(k-1)$$
$$\boldsymbol{X}(0) = \begin{pmatrix} 1\,000 \\ 1\,000 \\ 1\,000 \end{pmatrix}$$

其中

$$\boldsymbol{A} = \begin{pmatrix} 0 & 4 & 3 \\ 0.5 & 0 & 0 \\ 0 & 0.25 & 0 \end{pmatrix}, \quad \boldsymbol{X}(k) = \begin{pmatrix} x_1(k) \\ x_2(k) \\ x_3(k) \end{pmatrix}$$

可计算得到

$$\boldsymbol{X}(n) = \boldsymbol{AX}(0)$$

当 $n \to \infty$ 时，有

$$x_1 = 0.72, \quad x_2 = 0.24, \quad x_3 = 0.04$$

3. 推广到关于年龄分布的人口预测模型

将动物或人的年龄分为 n 个年龄段，每个年龄段时间相同。设 $x_i(k)$ 为第 k 个周期的第 i 个年龄组的动物数量，则有

$$x_1(k) = a_1x_1(k-1) + a_2x_2(k-1) + \cdots + a_nx_n(-1)$$
$$x_2(k) = b_1x_1(k-1)$$
$$x_3(k) = b_2x_2(k-1)$$
$$\cdots\cdots$$
$$x_n(k) = b_{n-1}x_{n-1}(k-1)$$

其中，$a_1,a_2,\cdots,a_n$ 分别为各年龄组的出生率，b_i 为第 i 个年龄组顺利成长到下一年龄组的成活率。用矩阵表达为

$$\begin{pmatrix} x_1(k) \\ x_2(k) \\ x_3(k) \\ \vdots \\ x_n(k) \end{pmatrix} = \begin{pmatrix} a_1 & a_2 & a_3 & \cdots & a_{n-1} & a_n \\ b_1 & 0 & 0 & \cdots & 0 & 0 \\ 0 & b_2 & 0 & \cdots & 0 & 0 \\ \vdots & \vdots & \vdots & & \vdots & \vdots \\ 0 & 0 & 0 & \cdots & b_{n-1} & 0 \end{pmatrix} \begin{pmatrix} x_1(k-1) \\ x_2(k-1) \\ x_3(k-1) \\ \vdots \\ x_n(k-1) \end{pmatrix}$$

即

$$\boldsymbol{X}(k) = \boldsymbol{AX}(k-1)$$

MATLAB 程序如下：

```
A = [0,4,3;
    0.5,0,0;
    0,0.25,0];
x = [1000,1000,1000]';
n = 50; % 定义代数
for i = 1:n
    i
    x = A * x   % 数量
    r = x/sum(x) % 比例
end
```

实验十 Markov 实验

马尔可夫性：系统通常在每个时期所处的状态是随机的，从这个时期到下个状态只取决于这个时期的状态和转移概率，与以前各时期的状态无关。这种性质称为无后效性，或称马尔可夫性(Markov)，即已知现在，将来与历史无关。

时间、状态均为离散的随机转移过程通常用 Markov 模型描述。Markov 模型在社会、经济、生态、遗传等许多领域中有广泛的应用。

一、健康与疾病模型(1)

保险公司把人的健康状态分为健康和疾病两种状态。以一年作为一个时段，设转移概率为：今年健康明年健康概率为 0.8，今年健康明年疾病概率为 0.2；今年疾病明年健康概率为 0.7，今年疾病明年疾病概率为 0.3。若按此规律一直进行下去，处于健康和疾病两种状态的人的概率分布将如何？

分析与解答 设 X_n 表示第 n 年的状态，$X_n=1$ 表示健康，$X_n=2$ 表示疾病。

$a_i(n)$ 表示第 n 年处于状态 i 的概率，即 $a_i(n)=P\{X_n=i\}$。

设 p_{ij} 表示由今年状态 i 转移到状态 j 的概率，即 $p_{ij}=P\{X_{n+1}=j \mid X_n=i\}$。则由全概率公式可得到模型

$$\begin{cases} a_1(n+1) = a_1(n)p_{11} + a_2(n)p_{21} \\ a_2(n+1) = a_1(n)p_{12} + a_2(n)p_{22} \end{cases}$$

其中

$$\boldsymbol{P} = \begin{bmatrix} 0.8 & 0.2 \\ 0.7 & 0.3 \end{bmatrix}$$

设初始值为$(a_1,a_2) = (1,0)$,迭代结果见表 2.8。

表 2.8　初始值为(1,0) 的迭代结果

n	0	1	2	3	4	…	∞
$a_1(n)$	1	0.8	0.78	0.778	0.778	…	7/9
$a_2(n)$	0	0.2	0.22	0.222	0.222	…	2/9

设初始值为$(a_1,a_2) = (0,1)$,迭代结果见表 2.9。

表 2.9　初始值为(0,1) 的迭代结果

n	0	1	2	3	4	…	∞
$a_1(n)$	0	0.7	0.77	0.777	0.777 7	…	7/9
$a_2(n)$	1	0.3	0.23	0.223	0.222 3	…	2/9

设稳定态为(w_1,w_2),代入有

$$\begin{cases} w_1 = w_1 \times 0.8 + w_2 \times 0.7 \\ w_2 = w_1 \times 0.2 + w_2 \times 0.3 \end{cases}$$

给定 $w_1 + w_2 = 1$,解得

$$w_1 = \frac{7}{9}, \quad w_2 = \frac{2}{9}$$

计算机模拟:人第i年的健康和疾病状态用$x(i)$表示。$x(i) = 1$表示健康状态,$x(i) = 0$表示疾病状态。

模拟步骤:

(1) 置初始状态 $x(1) = 1$。

(2) 对第 i 步,产生 $0 \sim 1$ 之间的均匀随机数 $rd(i)$。当 $x(i) = 1$ 时,若 $rd(i) < 0.8$,则 $x(i+1) = 1$,若 $rd(i) \geqslant 0.8$,则 $x(i+1) = 0$;当 $x(i) = 0$ 时,若 $rd(i) < 0.7$,则 $x(i+1) = 1$,若 $rd(i) \geqslant 0.7$,则 $x(i+1) = 0$。

(3) 统计 n 年 $x(n)$ 中 1 的个数 s,则 1 出现频率为 $p_1 = \frac{s}{n}$,0 出现频率为 $p_2 = 1 - \frac{s}{n}$。

MATLAB 程序如下:

```
% 疾病与健康状态 Markov 链模拟
%1—— 健康状态
%2—— 疾病状态
n = 50000;
x = zeros(n,1);
```

```
rd = rand(n,1);
x(1) = 1; % 设定初始状态为健康
for i = 1:n-1
  if(x(i) == 1) % 当前为健康状态
      if(rd(i) <= 0.8) x(i+1) = 1;
      else  x(i+1) = 2;
      end
   else % 当前为疾病状态
      if(rd(i) <= 0.7) x(i+1) = 1;
      else x(i+1) = 2;
      end
   end
end
p1 = sum(x == 1)/n;  % 计算健康状态的比率
p2 = 1 - p1;  % 计算疾病状态的比率
fprintf('处于健康状态的频率 %6.4f,处于疾病状态的频率 %6.4f\n',p1,p2);
fprintf('处于健康状态的概率 %6.4f,处于疾病状态的概率 %6.4f\n',7/9,2/9);
```

模拟结果：

处于健康状态的频率 0.777 4,处于疾病状态的频率 0.222 6。

处于健康状态的概率 0.777 8,处于疾病状态的概率 0.222 2。

二、健康与疾病模型(2)

若把人的状态分为健康、疾病和死亡三种状态。以一年作为一个时段,设转移概率为:今年健康明年健康概率为 0.8,明年疾病概率为 0.18,明年死亡概率为 0.02;今年疾病明年健康概率为 0.65,明年疾病概率为 0.25,明年死亡概率为 0.1;今年死亡明年仍为死亡概率为 1。若按此规律一直进行下去,处于健康、疾病和死亡三种状态的人的概率分布将如何?

分析与解答 设 X_n 表示第 n 年的状态,$X_n=1$ 表示健康,$X_n=2$ 表示疾病,$X_n=3$ 表示死亡。

$a_i(n)$ 表示第 n 年处于状态 i 的概率,即 $a_i(n)=P\{X_n=i\}$。

设 p_{ij} 表示由今年状态 i 转移到状态 j 的概率,即 $p_{ij}=P\{X_{n+1}=j\mid X_n=i\}$。则由全概率公式可得到模型

$$\begin{cases}a_1(n+1)=a_1(n)p_{11}+a_2(n)p_{21}+a_3(n)p_{31}\\a_2(n+1)=a_1(n)p_{12}+a_2(n)p_{22}+a_3(n)p_{32}\\a_3(n+1)=a_1(n)p_{13}+a_2(n)p_{23}+a_3(n)p_{33}\end{cases}$$

其中

$$\boldsymbol{P}=\begin{bmatrix}0.8 & 0.18 & 0.02\\0.65 & 0.25 & 0.1\\0 & 0 & 1\end{bmatrix}$$

设初始值为$(a_1,a_2,a_3)=(1,0,0)$，迭代结果见表 2.10。

表 2.10　初始值为(1,0,0)的迭代结果

n	0	1	2	3	20	50	80	100	∞
$a_1(n)$	1	0.8	0.757	0.728 5	0.389 8	0.129 3	0.042 9	0.020 6	0
$a_2(n)$	0	0.18	0.189	0.183 5	0.098 3	0.032 6	0.010 8	0.005 2	0
$a_3(n)$	0	0.02	0.037 8	0.054 6	0.266 0	0.428 4	0.482 3	0.496 3	1

设初始值为$(a_1,a_2,a_3)=(0,1,0)$，迭代结果见表 2.11。

表 2.11　初始值为(0,1,0)的迭代结果

n	0	1	2	3	20	50	80	100	∞
$a_1(n)$	1	0.65	0.682 5	0.662 7	0.354 9	0.117 7	0.039 1	0.018 7	0
$a_2(n)$	0	0.25	0.179 5	0.167 7	0.089 5	0.029 7	0.009 8	0.004 7	0
$a_3(n)$	0	0.01	0.025 5	0.040 9	0.233 2	0.381 1	0.430 2	0.442 9	1

设稳定态为(w_1,w_2,w_3)，代入有

$$\begin{cases} w_1=0.8\times w_1+0.65\times w_2 \\ w_2=0.18\times w_1+0.25\times w_2 \\ w_3=0.02\times w_1+0.1\times w_2+w_3 \end{cases}$$

给定$w_1+w_2+w_3=1$，解得

$$(w_1,w_2,w_3)=(0,0,1)$$

计算机模拟：人第i年的健康和疾病状态用$x(i)$表示。$x(i)=1$表示健康，$x(i)=2$表示疾病，$x(i)=3$表示死亡。

模拟步骤：

(1) 置初始状态$x(1)=1$。

(2) 对第i步，产生 0～1 之间的均匀随机数$rd(i)$。当$x(i)=1$时，若$rd(i)<0.8$，则$x(i+1)=1$；若$0.8\leqslant rd(i)<0.98$，则$x(i+1)=2$；若$rd(i)\geqslant 0.98$，则$x(i+1)=3$。

当$x(i)=2$时，若$rd(i)<0.65$，则$x(i+1)=1$；若$0.65\leqslant rd(i)<0.9$，则$x(i+1)=2$；若$rd(i)\geqslant 0.9$则$x(i+1)=3$。

当$x(i)=3$时，则$x(i+1)=3$。

(3) 统计n年$x(n)$中 1 的个数s_1，2 的个数s_2，3 的个数s_3，则 1 出现频率为$p_1=\frac{s_1}{n}$，2 出现频率为$p_2=\frac{s_2}{n}$，3 出现频率为$p_3=\frac{s_3}{n}$。

MATLAB 程序如下：

% 疾病与健康状态 Markov 链模拟

```
n = 50000;
x = zeros(n,1);
rd = rand(n,1);
x(1) = 1; % 设定初始状态为健康
%1 健康,2 疾病,3 死亡
for i = 1:n-1
  if(x(i) == 1) % 当前为健康状态
      if(rd(i) < 0.8) x(i+1) = 1;
      elseif(rd(i) < 0.98)   x(i+1) = 2;
      else x(i+1) = 3;
      end
   elseif(x(i) == 2) % 当前为疾病状态
      if(rd(i) < 0.65) x(i+1) = 1;
      elseif(rd(i) < 0.9) x(i+1) = 2;
      else x(i+1) = 3;
      end
    else  % 当前为死亡状态
       x(i+1) = 3;
      end
end
s1 = 0; s2 = 0; s3 = 0;
for i = 1:n
  if(x(i) == 1) s1 = s1 + 1;
  elseif(x(i) == 2) s2 = s2 + 1;
      else s3 = s3 + 1;
      end
  end
p1 = s1/n;
p2 = s2/n;
p3 = s3/n;
fprintf('处于健康状态的频率 %6.4f,处于疾病状态的频率 %6.4f,处于死亡状态的频率 %6.4f\n',p1,p2,p3);
```

模拟结果:

处于健康状态的频率 0.000 7,处于疾病状态的频率 0.000 3,处于死亡状态的频率 0.999 0。

三、党派成员分布实验

在英国,工党成员的第二代加入工党的概率为 0.5,加入保守党的概率为 0.4,加入自由党的概率为 0.1;而保守党成员的第二代加入保守党的概率为 0.7,加入工党的概率为 0.2,加入自由党的概率为 0.1；而自由党成员的第二代加入保守党成员的概率为 0.2，加入工党的概率为 0.4，加入自由党的概率为 0.4。求自由党成员的第三代加入各党的概率是多少？在经过较长的时间后，各党成员的概率分布是否具有稳定性？

分析与解答　(1) 列出各党派成员下一代转移到各党派概率的转移矩阵：

	工党	保守党	自由党
工党	0.5	0.4	0.1
保守党	0.2	0.7	0.1
自由党	0.4	0.2	0.4

设 $\boldsymbol{X}(n)=(x_1(n),x_2(n),x_3(n))$ 为第 n 代工党、保守党、自由党的比例，则有

$$\boldsymbol{X}(n+1)=\boldsymbol{X}(n)\boldsymbol{P}$$

其中

$$\boldsymbol{P}=\begin{pmatrix}0.5 & 0.4 & 0.1\\ 0.2 & 0.7 & 0.1\\ 0.4 & 0.2 & 0.4\end{pmatrix}$$

令
$$\boldsymbol{X}(0)=(0,0,1)$$
则
$$\boldsymbol{X}(3)=\boldsymbol{X}(0)\boldsymbol{P}^3=(0.364,0.470,0.166)$$

自由党成员的第三代加入工党的概率为 0.364，加入保守党的概率为 0.47，加入自由党的概率为 0.166。

当计算工党经过 n 代加入各党派概率时取 $\boldsymbol{X}(0)=(1,0,0)$，则 $\boldsymbol{X}(n)=\boldsymbol{X}(0)\boldsymbol{P}^n$。

当计算保守党经过 n 代加入各党派概率时取 $\boldsymbol{X}(0)=(0,1,0)$，则 $\boldsymbol{X}(n)=\boldsymbol{X}(0)\boldsymbol{P}^n$。

当计算自由党经过 n 代加入各党派概率时取 $\boldsymbol{X}(0)=(0,0,1)$，则 $\boldsymbol{X}(n)=\boldsymbol{X}(0)\boldsymbol{P}^n$。

矩阵 $\boldsymbol{P}$ 的特征值构成的对角阵为

$$\boldsymbol{\Lambda}=\begin{pmatrix}1 & 0 & 0\\ 0 & 0.3 & 0\\ 0 & 0 & 0.3\end{pmatrix}$$

存在可逆矩阵 $\boldsymbol{Q}$，使

$$\boldsymbol{P}=\boldsymbol{Q}\boldsymbol{\Lambda}\boldsymbol{Q}^{-1}$$

则

$$\boldsymbol{P}^n=\boldsymbol{Q}\begin{pmatrix}1 & 0 & 0\\ 0 & 0.3^n & 0\\ 0 & 0 & 0.3^n\end{pmatrix}\boldsymbol{Q}^{-1}$$

则当 $\boldsymbol{X}(0)=(1,0,0)$，$n\to\infty$ 时，

$$\boldsymbol{X}=(0.326\,531,0.530\,612,0.142\,857)$$

当 $\boldsymbol{X}(0)=(0,1,0)$ 和 $\boldsymbol{X}(0)=(0,0,1)$，$n\to\infty$ 时，极限都相同，则

$$\boldsymbol{X}=(0.326\,531,0.530\,612,0.142\,857)$$

可以计算出当初始为任何分布时，其稳定值都相同。

设稳定状态为

$$\boldsymbol{W}=(w_1,w_2,w_3)$$

则 $\boldsymbol{W}=\boldsymbol{WP}$，且 $\sum_{i=1}^{3} w_i = 1$，解得

$$\boldsymbol{W}=(0.326\,531, 0.530\,612, 0.142\,857)$$

解此方程的 MATLAB 计算程序为

```
P = [-0.5,0.2,0.4;
     0.4,-0.3,0.2;
     0.1,0.1,-0.6;
     1,1,1];
b = [0,0,0,1]';
w = pinv(P) * b
```

因此在经过较长时间后，各党派的概率分布也是稳定的。

MATLAB 程序如下：

(1) 自由党成员的第三代加入各党的情况。

```
P = [0.5,0.4,0.1;
     0.2,0.7,0.1;
     0.4,0.2,0.4];
x = [0,0,1];
format short
n = 3; % 定义代数
for i = 1:n
    i
x = x * P
end
```

结果为

$$(0.326\,531, 0.530\,612, 0.142\,857)$$

(2) 经过较长的时间后，各党成员的后代加入各党的概率分布。

```
P = [0.5,0.4,0.1;
    0.2,0.7,0.1;
    0.4,0.2,0.4];
%x = [1,0,0];% 考虑工党情况
x = [0,1,0];% 考虑保守党情况
x = [0,0,1];% 考虑自由党情况
format short
n = 50; % 定义总代数
for i = 1:n
    i
x = x * P
end
```

结果为

(0.326 530 612 244 9，0.530 612 244 897 96，0.142 857 142 857 14)

实验十一　基于时间步长的仿真实验

基于时间步长的计算机仿真，就是按照时间流逝的顺序，一步一步地对系统进行仿真，在整个仿真过程中，通常将时间步长固定不变。

在进行系统仿真过程中，可以把整个仿真过程分为许多相等的时间间隔，时间步长的长度可根据实际问题分别取为秒、分、小时等。程序中按此步长前进的时钟就是仿真的时钟。

一、容器水流问题仿真实验

某容器内盛入盐水池有 3 000 m^3 水，其中含盐 3 kg，以每分钟 10 m^3 的速率向水池中注入含盐率为 0.5 kg/ m^3 的盐水，同时以每分钟 7 m^3 的速率从水池流出搅拌均匀的盐水，求 1 h 后水池中的含盐量，并作出水池含盐量的变化曲线。

分析与解答

1. 理论求解

设初始时刻为 0，t 时刻水池含盐量为 $X(t)$(kg)。

t 时刻水池的水量为

$$3\ 000+(10-7)t=3\ 000+3t\ (\mathrm{m}^3)$$

经过 Δt 时间流入水池的盐量为

$$10\times 0.5\times \Delta t=5\Delta t$$

t 时刻水池的含盐率为 $\dfrac{X(t)}{3\ 000+3t}$，经过 Δt 时间流出水池的盐量为 $\dfrac{X(t)}{3\ 000+3t}7\Delta t$。则水池含盐量满足关系

$$X(t+\Delta t)=X(t)+5\Delta t-\frac{X(t)7\Delta t}{3\ 000+3t}$$

对应微分方程为

$$\begin{cases}\dfrac{\mathrm{d}X}{\mathrm{d}t}+\dfrac{7}{3\ 000+3t}X(t)=5\\ X(0)=3\end{cases}$$

利用一阶线性微分方程公式法求得

$$X(t)=\mathrm{e}^{-\int\frac{7}{3\ 000+3t}\mathrm{d}t}\left[\int 5\mathrm{e}^{\int\frac{7}{3\ 000+3t}\mathrm{d}t}\mathrm{d}t+C\right]=$$

$$\frac{1}{(1\ 000+t)^{7/3}}\left[\int 5\times(1\ 000+t)^{7/3}\mathrm{d}t+C\right]=1\ 500+1.5t\ \frac{C}{(1\ 000+t)^{7/3}}$$

由初始条件 $X(0)=3$ 有

$$C=-1\ 497\times 10^7$$

因此解为

$$X(t)=1\ 500+1.5t-1\ 497\times\left(\frac{1\ 000}{1\ 000+t}\right)^{7/3}$$

当 $t=60$ 时，有

$$X(60) = 283.3033 \text{ kg}$$

2. 计算机仿真

设仿真的时间步长为 Δt(min),n 时刻时间为 $n\Delta t$,水池含盐量为 $X(n)$(kg)。

由前面分析可得递推关系为

$$\begin{cases} X(n+1) = X(n) + 5\Delta t - \dfrac{X(n)7\Delta t}{3\,000 + 3n\Delta t} \\ X(0) = 3 \end{cases}$$

终止时间为 1 h = 60 min,对应步数 $n = \dfrac{60}{\Delta t}$。

MATLAB程序如下:

```
dt = 0.01; % 分钟
n = 60/dt; % 终止步数

t = zeros(1,n+1);
x = zeros(1,n+1);

x(1) = 3;
t(1) = 0;
for i = 1:n
t(i+1) = t(i) + dt;
x(i+1) = x(i) + 5 * dt - x(i) * 7 * dt/(3000 + 3 * i * dt);
end

fprintf('时间为 %5.1f 分钟,水池含盐量为 %6.3f kg\n',t(n+1),x(n+1));
plot(t,x);
grid on;
```

输出结果:时间为 60.0 分钟,水池含盐量为 283.306 kg。

仿真值和理论值十分接近。图形如图 2.16 所示。

二、库存问题仿真实验

在物资供应过程中,由于到货与销售不可能做到同步同量,因此总要保持一定的库存量。如果库存过多,就会造成积压浪费和保管费的增加;如果库存过少,会造成缺货。如何选择库存和缺货策略,是一个值得研究的问题。库存问题有多种类型,通常比较复杂,这里通过计算机仿真求解一种较为简单的情况。

某自行车商店的仓库管理人员采取一种简单定货策略,当库存量降低到 P 辆自行车就向厂家订货,每次订货 Q 辆,如果某一天的需求量超过了库存量,商店就有缺货损失和信誉损失;但如果库存量过多,将会导致资金积压和保管费增加。若现在有 6 种策略见表 2.12,试选择一种总费用最少的策略。

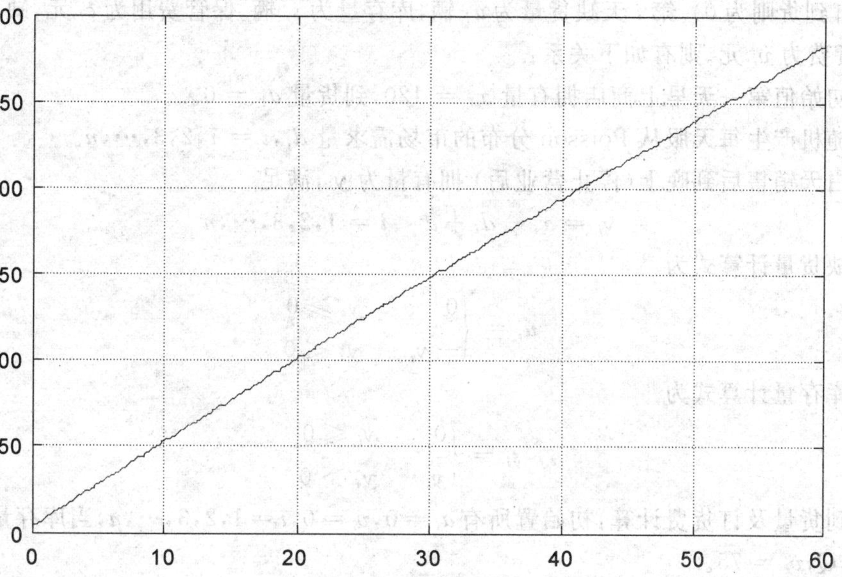

图 2.16　水池含盐量曲线图

表 2.12　订货策略

方案编号	库存量 P/ 辆	订货量 Q/ 辆
1	125	150
2	125	250
3	150	250
4	175	250
5	175	300
6	200	300

已知条件为：

(1) 从发出货到收到货需要隔 3 天。如周一订货则周四才能到货。

(2) 每辆自行车每天保管费为 0.75 元，每辆自行车每天缺货损失为 1.80 元，每次订货费为 75 元。

(3) 每天自行车的市场需求量服从参数为 50 辆的 Poisson 分布。

(4) 原始库存为 120 辆，并假设第一天没有到货也没有发出订货。

分析与解答　求解该问题若采用理论比较麻烦，因此，采用计算机仿真，计算每天的库存量、销售量，计算一段时间如 $n = 200$ 天的总费用及平均费用，然后选取总费用最少的策略。

计算机仿真分析：设第 i 天早上（还没有营业前）商店拥有量为 x_i 辆，白天销售后到晚上（停止营业后）拥有量为 y_i 辆（可为负，负表示该天缺货量），市场需求量为 d_i 辆，每天到货量为

a_i 辆(没有到货则为 0)。第 i 天缺货量为 u_i 辆,库存量为 s_i 辆。保管费用为 c_i 元,缺货损失费为 r_i 元,订货费为 v_i 元。则有如下关系:

(1) 初始值第一天早上商店拥有量 $x_1 = 120$,到货量 $a_1 = 0$。

(2) 随机产生每天服从 Poisson 分布的市场需求量 $d_i, i = 1,2,3,\cdots,n$。

(3) 白天销售后到晚上(停止营业后) 拥有量为 y_i,满足

$$y_i = x_i - d_i + a_i \quad i = 1,2,3,\cdots,n$$

(4) 缺货量计算式为

$$u_i = \begin{cases} 0 & y_i \geqslant 0 \\ -y_i & y_i < 0 \end{cases}$$

(5) 库存量计算式为

$$s_i = \begin{cases} 0 & y_i \leqslant 0 \\ y_i & y_i > 0 \end{cases}$$

(6) 到货量及订货费计算:初始置所有 $a_i = 0, v_i = 0, i = 1,2,3,\cdots,n$,当库存量 $s_i \leqslant P$ 时,则 $a_{i+3} = Q, v_i = 75$。

(7) 第 $i+1$ 天早上商店拥有量为 x_{i+1},满足

$$x_{i+1} = s_i \qquad i = 1,2,3,\cdots,n-1$$

(8) 第 i 天保管费计算式为

$$c_i = 0.75 \times s_i$$

(9) 第 i 天缺货损失费计算式为

$$r_i = 1.80 \times u_i$$

(10) 总费用计算式为

$$\text{Cost} = \sum_{i=1}^{n} c_i + r_i + v_i$$

(11) 平均每天费用为

$$\text{Aver} = \text{Cost/n}$$

MATLAB 程序如下:

```
n = 200; % 总天数
x = zeros(1,n + 3);% 早上拥有量
y = zeros(1,n + 3);% 晚上拥有量
a = zeros(1,n + 3); % 到货量
d = zeros(1,n + 3); % 市场需求量
u = zeros(1,n + 3); % 缺货量
s = zeros(1,n + 3); % 库存量
c = zeros(1,n + 3); % 保管费
r = zeros(1,n + 3); % 缺货损失费
v = zeros(1,n + 3); % 订货费

P = 120; % 订货点
Q = 150; % 订货量
```

```
x(1) = 120; % 初始早上拥有量
a(1) = 0; % 初始到货量
d = poissrnd(50,1,n); % 产生每天的市场需求

for i = 1:n
 y(i) = x(i) - d(i) + a(i); % 第 i 天晚上拥有量

  if(y(i) < 0)
      u(i) =- y(i);
  end      % 当天缺货量

  if(y(i) > 0)
      s(i) = y(i);
  end   % 当天库存量

  if(s(i) < P)
      a(i+3) = Q; % 后 3 天将有订货到达
      v(i) = 75 ; % 当天订货费
  end

 x(i+1) = s(i); % 第二天早上拥有量为前一晚库存量

 c(i) = 0.75 * s(i);   % 当天库存费
 r(i) = 1.8 * u(i) ;% 当天缺货损失费

end

Cost = sum(c(1:n)) + sum(r(1:n)) + sum(v(1:n)); % 总费用
Aver = Cost/n; % 平均费用

fprintf('当 P = %2d,Q = %2d,n = %3d 天,总费用为 %6.2f 元,平均费用为 %6.2f 元
\n',P,Q,n,Cost,Aver);
```

某次仿真实验结果：

当 P = 125,Q = 150,n = 200 天,总费用为 35630.10 元,平均费用为 178.15 元
当 P = 125,Q = 250,n = 200 天,总费用为 48503.70 元,平均费用为 242.52 元
当 P = 150,Q = 250,n = 200 天,总费用为 51364.35 元,平均费用为 256.82 元

当 P = 175,Q = 250,n = 200 天,总费用为 54486.15 元,平均费用为 272.43 元

当 P = 175,Q = 300,n = 200 天,总费用为 64600.80 元,平均费用为 323.00 元

当 P = 200,Q = 300,n = 200 天,总费用为 69714.00 元,平均费用为 348.57 元

从仿真结果来看,当采用方案 1 时花费最少。即当降低到 $P = 125$ 辆自行车时就向厂家订货,每次订货 $Q = 150$ 辆,平均费用为每天 178.15 元。

实验十二　基于事件步长的仿真实验

基于事件步长的计算机仿真,就是以事件发生的时间为增量,按照时间的进展,一步一步地对系统进行仿真,直到预定的时间结束。

事件步长法和时间步长法的主要区别如下:

(1) 事件步长法和时间步长法都是以时间为增量来考察状态的变化,但在时间步长法中,仿真时钟以等步长前进,而在事件步长法中,仿真时间的步长取决于事件之间的间隔。

(2) 时间步长法在一个步长内,认为系统所处的状态相同,因而所选步长的大小将影响仿真的精度;而在事件步长法中,每个事件的发生时间都有确切的时刻,不需要人为地选取步长,步长的大小对仿真精度影响小。

(3) 时间步长法每前进一个步长就要对整个系统进行一次全面考察,即使状态没有发生变化也要进行扫描。而事件步长法只是在某一时间点上对系统进行必要的处理和计算。

事件步长法的基本思路是将系统的仿真过程看做一个事件点序列,根据事件出现的顺序,用一个称之为事件表的表格来调度事件执行的顺序。对那些当前需要处理的事件,列入事件表中,从中读出最近需要处理的事件来进行处理,处理完毕后自动退出事件表。在处理当前事件的过程中,通常又要产生一个后继事件。因此,必须预测出后继事件的出现时间,并将它列入事件表中。这样,事件表好像一本记账簿,每当完成一件事后就把它从记账簿勾销,而把新的要完成的工作再登记到记账簿相应的地方,以此使得系统的仿真过程有条不紊地进行下去。这种方法要求对系统的各种事件进行详细的描述。因此,当事件之间没有太多相互作用和事件数目不太多时,采用事件表法比较有效。

一、设备可靠性方案仿真实验

设一个设备上有 3 个相同的元件,每个元件正常工作寿命服从离散随机变量,其概率分布见表 2.13。

表 2.13　元件工作寿命

寿命 /h	1 100	1 200	1 300	1 400	1 500	1 600	1 700	1 800
概率	0.05	0.1	0.1	0.25	0.25	0.1	0.1	0.05

在任何时候任何一个元件损坏都会导致设备停止工作,从有元件损坏设备停止工作,到检修人员到达开始更换新元件为止,称为延迟时间。延迟时间也是服从离散的随机变量,其概率分布见表 2.14。

表 2.14　延迟时间

延迟时间 /min	5	10	15
概率	0.5	0.4	0.1

设备停工时每 1 min 损失 6 元，检修工每 10 min 3 元，元件每个成本 20 元，更换一个元件需要 20 min，同时更换两个元件需要 30 min，同时更换 3 个元件则需要 40 min。

现在有两种方案：方案 1 是损坏一个更换一个；方案 2 是损坏一个则同时更换所有元件。试通过计算机仿真对这两种方案进行评价。

分析与解答　在这一问题中，元件寿命在 1 100 ～ 1 800 h 之间，延迟时间在 5 ～ 15 min 之间，若用时间步长法，步长选取比较困难。步长小则浪费大，步长大则不精确，所以采用事件步长法。在事件发生时再考虑系统状态的变化，这样更为合理且省时。

1. 随机数的产生

首先需要产生元件寿命的随机数，该随机数服从离散分布，可以先产生一个 0 ～ 1 之间的均匀随机数，其落在不同区间则寿命取不同值，具体见表 2.15。程序实现函数见 LifeValue.m，每调用一次该函数，则返回一个服从该分布的元件寿命的随机数。

表 2.15　元件寿命随机数

元件寿命 /h	均匀随机数区间
1 100	[0,0.05)
1 200	[0.05,0.15)
1 300	[0.15,0.25)
1 400	[0.25,0.5)
1 500	[0.5,0.75)
1 600	[0.75,0.85)
1 700	[0.85,0.95)
1 800	[0.95,1]

对延迟时间也采用同样方法处理，具体见表 2.16。程序实现函数见 DelayTime.m，每调用一次该函数，则返回一个服从该分布的延迟时间的随机数。

表 2.16　延迟时间随机数

延迟时间 /min	均匀随机数区间
5	[0,0.5)
10	[0.5,0.9)
15	[0.9,1]

2. 计算机仿真

(1) 方案 1 是损坏一个元件更换一个，其仿真步骤如下：

1) 初始产生 3 个元件寿命 Trouble_Time(3) 及维修延迟时间 Delay_Time(3)。

2) 计算当前 3 个元件寿命终止的最小时间 min_time，并统计出满足寿命最先终止条件的元件个数 number，同时用状态变量 State 记录每个元件是否当前需要更换。其中，

$$\text{State}(i) = \begin{cases} 1 & \text{第 i 个元件当前需要更换} \\ 0 & \text{第 i 个元件当前不需要更换} \end{cases}$$

并计算出当前需要更换的元件中延迟的最小时间 min_delay。

3) 计算当前元件损坏造成的停工时间 Dt，其中，

$$\text{Dt} = \begin{cases} \text{min\_delay} + 20 & \text{number} = 1 \\ \text{min\_delay} + 30 & \text{number} = 2 \\ \text{min\_delay} + 40 & \text{number} = 3 \end{cases}$$

并计算出停工造成的损失 $\text{Cost1} = 6 \times \text{Dt}$。

4) 计算当前元件损坏造成维修费及元件更换的成本费为

$$\text{Cost2} = \begin{cases} 6 + 20 & \text{number} = 1 \\ 9 + 2 \times 20 & \text{number} = 2 \\ 12 + 3 \times 20 & \text{number} = 3 \end{cases}$$

计算该次元件损坏造成的总损失 $\text{Cost} = \text{Cost1} + \text{Cost2}$。

5) 对当前损坏需要更换的元件(State(i) = 1)，产生下次发生故障的时刻。

$$\text{Trouble\_Time}(i) = \text{Trouble\_Time}(i) + \text{Dt} + \text{LifeValue}(i)$$

其中，LifeValue(i) 为第 i 个元件更换后的寿命，由计算机随机产生，并随机产生延迟时间 Delay_Time(i)。

6) 计算 3 个元件下次首先发生故障的时刻，记为 Current_Time。当 Current_Time > Total_Time(终止时间，文中设为 50 000 h) 时，则结束程序，输出总费用 Cost。否则循环执行 2)。

该方案的实现程序见 kao1. m。

(2) 方案 2 是损坏一个元件则全部更换，其仿真步骤如下：

1) 初始产生 3 个元件寿命 Trouble_Time(3) 及维修延迟时间 Delay_Time(3)。

2) 计算当前 3 个元件寿命终止的最小时间 min_time，并统计出满足寿命最先终止条件的元件个数 number，同时用状态变量 State 记录每个元件是否当前需要更换。其中，

$$\text{State}(i) = \begin{cases} 1 & \text{第 i 个元件当前需要更换} \\ 0 & \text{第 i 个元件当前不需要更换} \end{cases}$$

并计算出当前需要更换的元件中延迟的最小时间 min_delay。

3) 计算当前元件损坏造成的停工时间 Dt，其中

$$\text{Dt} = \text{min\_delay} + 40$$

并计算出停工造成的损失 $\text{Cost1} = 6 \times \text{Dt}$。

4) 计算当前元件损坏造成维修费及元件更换的成本费为

$$\text{Cost2} = 12 + 3 \times 20$$

计算该次元件损坏造成的总损失 $\text{Cost} = \text{Cost1} + \text{Cost2}$。

5) 对当前损坏需要更换的元件(State(i) = 1),产生下次发生故障的时刻。

Trouble_Time(i) = Trouble_Time(i) + Dt + LifeValue(i)

其中,LifeValue(i) 为第 i 个元件更换后的寿命,由计算机随机产生,并随机产生延迟时间 Delay_Time(i)。

6) 计算 3 个元件下次首先发生故障的时刻,记为 Current_Time。当 Current_Time > Total_Time(终止时间,文中设为 50 000 h) 时,则结束程序,输出总费用 Cost。否则循环执行 2)。

该方案的实现程序见 kao2. m。

MATLAB 实现程序如下:

1. 产生元件寿命的随机值函数 LifeValue. m

```
function Dl = LifeValue
% 产生一个服从寿命分布的随机值

  Life = 1100:100:1800; % 寿命取值
  % 寿命概率分布
  Prob = [0.05,0.1,0.1,0.25,0.25,0.1,0.1,0.05];
%  Prob = [0.05,0.13,0.25,0.13,0.09,0.12,0.02,0.06,0.05,0.05];
  n = length(Prob);
  Qu = zeros(1,n+1);
  Qu(1) = 0;
  for i = 1:n
     Qu(i+1) = Qu(i) + Prob(i); % 产生概率区间
  end
   Qu(n+1) = 1.01; % 将最后一个数值超过 1,便于后面的随机数 r 取到 1

   % 产生一个寿命随机值
   r = rand(1); % 产生一个[0,1] 随机变量
   for i = 1:n
    if(r >= Qu(i)&&r < Qu(i+1)) Dl = Life(i); % 获得使用寿命
    end
   end
return
```

2. 产生维修延迟时间的函数 DelayTime. m

```
   function Dt = DelayTime
 % 产生一个服从延迟时间的值

   Dtime = [5,10,15];% 延迟时间
   Dp = [0.5,0.4,0.1]; % 延迟时间概率分布
   m = length(Dp);
```

```
    Du = zeros(1,m+1);
    Du(1) = 0;
    for i = 1:m
      Du(i+1) = Du(i) + Dp(i); % 产生概率区间
    end
    Du(m+1) = 1.01; % 将最后一个数值超过 1,便于后面的随机数 r 取到 1
    % 产生一个延迟时间随机值
    r = rand(1); % 产生一个[0,1]随机变量
    for i = 1:m
     if(r >= Du(i) && r < Du(i+1)) Dt = Dtime(i); % 获得延迟时间
     end
    end
return
```

3. 采用方案 1 的程序 kao1.m

```
% 方案:元件坏一个换一个
Trouble_Time = zeros(3,1); % 存储当前时间的故障时间
Delay_Time = zeros(3,1); % 存储每个 A,B,C 三个元件故障维修到达的延迟时间

for i = 1:3
Trouble_Time(i) = LifeValue;   % 初始时刻 A,B,C 元件的故障时间点
Delay_Time(i) = DelayTime;   % 初始时刻各故障延迟时间点
end

State = zeros(1,3); % 记录当前各故障是否需要维修的状态(1——维修,0——不维修)
Current_Time = 0;   % 处理完最后一个元件的时间

Cost = 0; % 计算总花费

Total_Time = 50000; % 设定总共时间
while(Current_Time < Total_Time)

  % 寻找当前需要处理的故障,并给出是 1 个、2 个还是 3 个及哪几个
    min_time = Trouble_Time(1);
    for i = 1:3
      if(Trouble_Time(i) <= min_time) min_time = Trouble_Time(i); % 寻找最小
时间
      end
    end
```

```
for i = 1:3
 if(Trouble_Time(i) == min_time) State(i) = 1;
 else  State(i) = 0; % 描述三个故障当前是否需要处理
 end
 number = sum(State); % 当前要处理的故障数
end

min_delay = 100;
for i = 1:3
 if(State(i) == 1&&Delay_Time(i) < min_delay) min_delay = Delay_Time(i);
 end %获得最小延迟时间
end

 % 计算换元件延误时间
if(number == 1) % 只换一个元件
  Dt = 20 + min_delay; % 停工时间
end
 if(number == 2) % 换两个元件
  Dt = 30 + min_delay; % 停工时间
 end
  if(number == 3) % 换三个元件
  Dt = 40 + min_delay; % 停工时间
  end

    Cost = Cost + Dt * 6; % 加上该次停工造成的损失

   if(number == 1) % 只换一个元件
    Cost = Cost + 6 + 20; % 加该次维修工时费和零件成本费
   end
    if(number == 2)
      Cost = Cost + 9 + 2 * 20; % 加该次维修工时费和零件成本费
    end

    if(number == 3)
        Cost = Cost + 12 + 3 * 20;% 加该次维修工时费和零件成本费
    end

    Print = 0;
    if Print == 1
```

```
          Trouble_Time
          Delay_Time
          State
        number
        Dt
        Cost
        end

    for i = 1:3
      if(State(i) == 1)
        Trouble_Time(i) = Trouble_Time(i)+Dt+LifeValue; % 计算下次发生故障时
间
        Delay_Time(i) = DelayTime;
      end
    end

      Current_Time = Trouble_Time(1);
      for i = 1:3
          if(Trouble_Time(i) < Current_Time) Current_Time = Trouble_Time(i);
          end   % 获得下次需要维修的最小时间点
      end
end
fprintf('方案1::坏一个换一个:时间长度为 %4d 小时,总费用 %5d 元 \n',Total_Time,
Cost);
```

4. 采用方案 2 的程序 kao2.m

```
 % 方案:元件坏一个则全换

Trouble_Time = zeros(3,1); % 存储当前时间的故障时间
Delay_Time = zeros(3,1); % 存储每个 A,B,C 三个元件故障维修到达的延迟时间

for i = 1:3
Trouble_Time(i) = LifeValue;   % 初始时刻 A,B,C 元件的故障时间点
Delay_Time(i) = DelayTime;   % 初始时刻各故障延迟时间点
end

State = zeros(1,3); % 记录当前各故障是否需要维修的状态(1 —— 维修,0 —— 不维修)
Current_Time = 0;   % 处理完最后一个元件的时间

Cost = 0; % 计算总花费
```

```
Total_Time = 50000；  % 设定总共时间
while(Current_Time < Total_Time)
  % 寻找当前需要处理的故障最小时刻
   min_time = Trouble_Time(1)；
   for i = 1:3
     if(Trouble_Time(i) <= min_time) min_time = Trouble_Time(i)；% 寻找最小
时间
     end
   end

  for i = 1:3
   if(Trouble_Time(i) == min_time)
      State(i) = 1；% 获得最先损坏的元件
   else  State(i) = 0；
   end
  end

  min_delay = 100；
  for i = 1:3
   if(State(i) == 1&&Delay_Time(i) < min_delay) min_delay = Delay_Time(i)；
   end  % 获得最小延迟时间
  end

   Dt = 40 + min_delay；% 计算停工时间,3 个全换

    Cost = Cost + Dt * 6；% 加上该次停工造成的损失

    Cost = Cost + 12 + 3 * 20；% 加该次维修工时费和零件成本费

      Print = 0；
      if Print == 1
        Trouble_Time
        Delay_Time
        State
      number
      Dt
      Cost
```

```
        end

    for i = 1:3
        Trouble_Time(i) = min_time + Dt + LifeValue; % 计算下次发生故障时间
        Delay_Time(i) = DelayTime;
    end

    Current_Time = Trouble_Time(1);
    for i = 1:3
        if(Trouble_Time(i) < Current_Time) Current_Time = Trouble_Time(i);
        end  % 获得下次需要维修的最小时间点
    end
end

fprintf('方案 2:坏一个全换:时间长度为 %4d 小时,总费用 %5d 元 \n',Total_Time,
Cost);
```

某次仿真结果:

方案 1:坏一个换一个:时间长度为 50000 小时,总费用 19431 元

方案 2:坏一个全换:时间长度为 50000 小时,总费用 12912 元

从仿真结果来看,方案 2 所花费用更少,说明方案 2 效果更好。

二、排队论仿真实验

考虑一个收款台的排队系统。某商店只有一个收款台,顾客到达收款台的时间间隔服从平均时间为 10 s 的负指数分布。负指数分布为

$$f(x)=\begin{cases}\dfrac{1}{\lambda}\mathrm{e}^{-\frac{x}{\lambda}} & x>0\\ 0 & x\leqslant 0\end{cases}$$

每个顾客的服务时间服从均值为 6.5 s,标准差为 1.2 s 的正态分布。利用计算机仿真计算顾客在收款台的平均逗留时间,系统的服务强度(服务占所有时间之比)。

分析与解答　该问题可以从开始时刻计,当有人到达产生一个事件,当有人离开产生一个事件。当有人到达时,记录其开始接受服务时刻和离开服务台的时刻,从而可以计算出每个人在系统逗留的时间,每个人在系统接受服务的时间,从而统计出每个人在收款台的平均逗留时间和系统的服务强度。

这里可以依次考虑每一个人,考察其到达时刻,开始接受服务时刻和离开时刻,使仿真变得更方便。

设第 i 个人到达时间为 a_i,开始接受服务的时间为 b_i,离开时间为 c_i。设总共考虑 n 个人。

程序首先产生服从均值为 10 s 的负指数分布序列 $\{dt(n)\}$,每个人接受服务的时间服从正态分布 $N(6.5,1.2^2)$ 的序列 $\{st(n)\}$。为便于为后面计算方便,则每个人的到达时刻可以采用

下式计算：

$$a_1 = 0$$

$$a_i = a_{i-1} + dt_{i-1} \quad i = 2,3,4,\cdots,n$$

第一个人开始接受服务时刻

$$b_1 = 0$$

第一个人离开时刻

$$c_1 = st_1$$

第 i 个人开始接受服务的时刻为

$$b_i = \begin{cases} a_i & a_i > c_{i-1} \\ c_{i-1} & a_i \leqslant c_{i-1} \end{cases} \quad i = 2,3,4,\cdots,n$$

上式的意义是，当后一个人的到达时刻比前一个人的离开时刻晚，则其开始接受服务的时间就是其到达时间；当后一个人的到达时刻比前一个人的离开时刻早，则其开始接受服务的时间就是前一个人的离开时刻。

第 i 个人离开时刻为

$$c_i = b_i + st_i \quad i = 2,3,4,\cdots,n$$

根据上面的递推关系式就可以计算出每个人到达时刻、开始接受服务时刻和离开时刻。

每个人在系统逗留时间为 $wt_i = c_i - a_i, i = 1,2,3,\cdots,n$，到第 n 个人离开的时刻为 $T = c_n$。则系统工作的强度即工作时间占总时间的比值为

$$p = \sum_{i=1}^{n} st_i / T$$

MATLAB 仿真实现程序如下：

```
n = 10000; % 模拟顾客数
dt = exprnd(10,1,n); % 到达时间间隔
st = normrnd(6.5,1.2,1,n); % 服务台服务时间
%st = exprnd(2.5,1,n); % 服务台服务时间
a = zeros(1,n); % 每个人到达时间
b = zeros(1,n); % 每个人开始接受服务时间
c = zeros(1,n);% 每个人离开时间

a(1) = 0;
for i = 2:n
  a(i) = a(i-1) + dt(i-1);% 第 i 个人到达时间
end

b(1) = 0;% 第 1 个人开始服务时间为到达时间
c(1) = b(1) + st(1); % 第 1 个人离开时间为服务时间

for i = 2:n
```

```
if(a(i) <= c(i-1)) b(i) = c(i-1);% 如果第 i 个人到达时间比前一个人离开时间早，则其开始服务时间为前一人离开时间
    else b(i) = a(i); % 如果第 i 个人到达时间比前一个人离开时间晚，则其开始服务时间为到达时间
end

c(i) = b(i) + st(i);  % 第 i 个人离开时间为其开始服务时间 + 接受服务时间

end

cost = zeros(1,n); % 记录每个人在系统逗留时间
for i = 1:n
  cost(i) = c(i) - a(i); % 第 i 个人在系统逗留时间
end

T = c(n);% 总时间
p = sum(st)/T;  % 服务率
avert = sum(cost)/n; % 每个人系统平均逗留时间
fprintf('顾客平均逗留时间 %6.2f 秒 \n',avert);
fprintf('系统工作强度 %6.3f\n',p);
```

某次仿真结果为：

顾客平均逗留时间 13.32 秒

系统工作强度 0.659

实验十三　穷举法计算机实验

在求解一些实际问题或数学问题时，如果问题的规模不太大，有时候使用穷举法往往简单有效。这时候不妨使用穷举法对所有情况一一穷举出来，也许会快速得到需要的结果。如果规模很大，有时候也可以使用小规模问题进行测试，验证所推导或使用别的方法的有效性。

下面通过两个例子进行说明。在这两个例子中，尽管使用了穷举法，但对程序设计也需要一定的技巧和编程能力。

一、蛋白质数据分解实验

生命蛋白质的若干氨基酸可以形成不同的组合，通过质谱实验测定相对分子质量来分析某个生命蛋白质分子的组成时，遇到的首要问题就是如何将它的相对分子质量 K 分解为几个氨基酸的已知量 $a[i](i = 1,2,3,\cdots,n)$ 之和。某实验室所研究的问题中

$n = 18$

$a[18] = 57,71,87,97,99,101,103,113,114,115,128,129,131,137,147,156,163,186$

K 为正整数，且 $K \leqslant 1\,000$。

该问题的数学模型可简单表达为

$$\text{设决策变量 } x_i = \begin{cases} 1 & \text{第 } i \text{ 个氨基酸分子选取} \\ 0 & \text{第 } i \text{ 个氨基酸分子不选取} \end{cases}$$

各氨基酸分子的相对分子质量为 $a_i, i = 1,2,3,\cdots,18$，则对给定的蛋白质相对分子质量 K，目的是寻找一组解 $a_1, a_2, a_3, \cdots, a_{18}$，使得

$$\sum_{i=1}^{18} a_i x_i = K$$

这里要求出所有的解，而问题规模也不大，采用计算机编程穷举的方法来实现，这样更简单有效。

穷举过程中需要对所有的序列判断是否满足和式，这就需要首先穷举出所有的序列。对所有的序列又分为 18 个中选取 1 个的所有序列，选取 2 个的所有序列 …… 选取 m 个的所有序列 …… 选取 18 个的所有序列。对每个序列不需要考虑顺序，因此每个序列只考虑单调递增一种情形。

问题的核心在于如何枚举从 18 个中选取 m 个的所有序列。算法思想如下：

(1) 给定初始序号 $\{1,2,3,\cdots,m\}$。

(2) 从最后一个位置开始与最终序列 $\{n-m+1, n-m+2, \cdots, n\}$ 进行比较，若序列某位置对应数比最终序列对应数小，则将该位置数加 1，并将其后所有位置的数都比前一位置的数加 1。

(3) 对于每一个序列(序号)，判断其对应的氨基酸分子之和是否等于 K。若等于则输出；不等于则不输出。

(4) 返回执行(2)，直到达到最终序列为止。

对 $m = 1,2,3,\cdots,18$ 分别按照上面步骤执行，就可以穷举完所有情形。比如对 $m = 6$，若当前序列为 $\{1,8,15,16,17,18\}$，其对应最终序列为 $\{13,14,15,16,17,18\}$，则当前序列的下一序列为 $\{1,9,10,11,12,13\}$，后续序列为 $\{1,9,10,11,12,14\}$，一直进行到最终序列为 $\{13,14,15,16,17,18\}$ 为止。实现程序见 MATLAB 函数 NextGroup. m。

MATLAB 实现程序如下：

1. 获取下一个序列的函数 NextGroup. m

```
% 根据序列 a,求下一个序列 b
%flag = 1,求得下一个序列
%flag = 0 无下一个序列
function [flag,b] = NextGroup(a,n,m)

  flag = 1;
  pos = m; % 记录当前可以加 1 的位置
  while(flag == 1)
   if(a(pos) > n - 1 - (m - pos))
     pos = pos - 1;
     if(pos < 1) flag = 0;  end % 该序列已经没有位置可以加 1
```

```
      else
        break; % 找到位置结束
      end  % 结束 if 语句,获得可以加 1 的位置 pos
    end  % 结束 while 循环

    b = a;% 随意赋一个值,便于让返回数组一定获得一个值
    if(pos > 0)
    for i = 1:pos - 1
    b(i) = a(i); % 位置 pos 前的数不变
    end
    b(pos) = a(pos) + 1;% 位置 pos 的数加 1

      for i = pos + 1:m
        b(i) = b(i - 1) + 1; % 位置 pos 后的数为前一位置的数加 1
      end
    end % 结束可以处理情形
```

2. 枚举所有情形并求出符合条件的组成方式的实现程序 prot.m

```
number = 0; % 统计枚举次数
count = 0; % 统计符合条件的组数
n = 18;
% 氨基酸相对分子质量
a = [57,71,87,97,99,101,103,113,114,115,128,129,131,137,147,156,163,186];
x = zeros(1,n);
y = zeros(1,n);

K = 356; % 待分解的蛋白质相对分子质量
for m = 1:n   %m 个一组进行枚举

    for i = 1:m
        x(i) = i;   %m 个一组的初始序号
    end
    number = number + 1; % 枚举次数加 1
   s = 0;
   for i = 1:m
       s = s + a(x(i)); % 初始组氨基酸相对分子质量的和
   end

   if(s == K) % 如果该组数等于数 K 则输出该组数
       count = count + 1; % 符合条件的组数加 1
```

```
        fprintf('%1d 组:',count);
        for i = 1:m
         fprintf('%2d ',a(x(i)));% 输出该组数
        end
        fprintf('\n');
    end % 结束该组的处理

    flag = 1;
     while(flag == 1)
        [flag,y] = NextGroup(x,n,m);

         if(flag == 1) % 成功找到下一个序列
              number = number + 1; % 统计枚举次数
          x = y;
           s = 0;
        for i = 1:m
        s = s + a(y(i)); % 计算该组氨基酸相对分子质量的和
        end

        if(s == K) % 如果该组数等于数 K 则输出该组数
        count = count + 1; % 符合条件的组数加 1
        fprintf('%4d 组:',count);
        for i = 1:m
         fprintf('%2d ',a(y(i)));% 输出该组数
        end
        fprintf('\n');
        end %end if s == K,结束该组的处理
         end  % end flag = 1
     end  % 对应 while 循环,结束对 m 个一组的搜索
  end  %end for m,结束所有组数的循环
  fprintf('总和 K = %2d,总共枚举次数 %5d,符合条件有 %2d 组.\n',K,number,
count);
```

执行结果:

如输入 X = 356,输出结果为

1 组:57 113 186

2 组:71 99 186

3 组:71 129 156

4 组:87 113 156

5 组:97 103 156

6 组:97 128 131

7 组:99 101 156

8 组:99 128 129

9 组:113 114 129

10 组:113 115 128

11 组:57 71 97 131

12 组:57 71 99 129

13 组:57 71 113 115

14 组:57 87 97 115

15 组:57 87 99 113

16 组:57 97 99 103

17 组:71 87 97 101

总和 X = 356,总共枚举次数 262143,符合条件有 17 组。

该程序也可以采用C语言编写,采用C语言可以运行得更快。要注意的是C语言的下标从0开始,因此要进行相应变换。这里给出 C 语言的程序供参考。

```
#include < stdio.h >
#include < stdlib.h >
int NextGroup(int *a,int *b,int n,int m);

  void main()
  {

   int i,flag,m,s;
   long int num,count;
   int *x, *y;
   int a[] = {57,71,87,97,99,101,103,113,114,115,128,129,131,137,147,156,163,
186};
   int K;// 输入数值
    int n = 18;  //已知相对分子质量个数

   x = (int*)malloc(n*sizeof(int));
   y = (int*)malloc(n*sizeof(int));

    printf("   输入 K: ");
   scanf("%d",&K);

    num = 0; // 计算遍历次数(2^n-1)
   count = 0; // 计算符合条件的组数
    for(m = 1;m <= n;m ++)
```

```
{
    for(i = 0;i < m;i ++)
     x[i] = i;

    num ++;
     s = 0;
  for(i = 0;i < m;i ++)  //初始组
  {
     s += a[x[i]];
  }
 if(s == K)  //如果该组数等于数 K 则输出该组数
 {      count ++;
       printf("%3d 组:",count);
     for(i = 0;i < m;i ++)
       printf("%4d ",a[x[i]]);
       printf("\n");
 }

     flag = 1;
     while(flag == 1)
     {
     flag = NextGroup(x,y,n,m);
     if(flag == 1)
 {
          num ++;
for(i = 0;i < m;i ++)
x[i] = y[i];

s = 0;
for(i = 0;i < m;i ++)  //初始组
 {
     s += a[y[i]];
 }
 if(s == K)  //如果该组数等于数 K 则输出该组数
 {   count ++;
     printf("%3d 组:",count);
     for(i = 0;i < m;i ++)
      printf("%4d ",a[y[i]]);
      printf("\n");
```

```
    }
      }  //end flag == 1

    }  /* end while */
    }

    printf("\n   遍历次数 %ld,符合条件的组数 %3d\n",num,count);
  if(x) free(x);
  if(y) free(y);

}

// 得到一组数,返回数在数组 b 中
// 通过从当前状态转移到下一状态而实现
// 如从 10 个数中取 6 个数,当前为(1,3,7,8,9,10)
// 则下一状态为(1,4,5,6,7,8)
// 方法是从后往前遍历,判断哪个数可以再加 1,后面的数跟着再加 1
// 完全的实现是从初始状态(1,2,3,4,5,6),转移到目标状态(5,6,7,8,9,10)
 int NextGroup(int *a,int *b,int n,int m)
{
 int i,pos;
     pos = m-1;
     for(;;)
     {
       if(a[pos] > n-1-(m-pos))
  pos--;
  else
  {if(pos < 0) return 0;
  break;
  }
   }// 寻找可以加 1 的位置 pos

     for(i = 0;i < pos;i++)
       b[i] = a[i]; // 位置 pos 前的数不变
  b[pos] = a[pos]+1;// 位置 pos 的数加 1
       for(i = pos+1;i < m;i++)// 位置 pos 后的数为前一位置的数加 1
       b[i] = b[i-1]+1;
  return 1;
   }
```

二、邮资构成实验

英国皇家邮局将信分为两类,第一类信件要求在收信后的第 2 个工作日投到,第二类信件要求在收信第 3 个工作日投到,两类邮件的邮资如表 2.17 所示。

表 2.17　邮资表

重量不超过	第一类邮资	第二类邮资
60 g	25 便士	19 便士
100 g	38 便士	29 便士
150 g	47 便士	36 便士
250 g	57 便士	43 便士
300 g	77 便士	52 便士
350 g	88 便士	61 便士
400 g	1.00 镑	70 便士
450 g	1.13 镑	79 便士
500 g	1.25 镑	89 便士
600 g	1.55 镑	98 便士
700 g	1.90 镑	1.20 镑
750 g	2.05 镑	1.40 镑
800 g	2.15 镑	1.45 镑
900 g	2.35 镑	
1 000 g	2.40 镑	
>1 000 g	每超过 250 g 或超过一部分再加 65 便士	

英国当前使用的是以下面值的邮票:1 便士,2 便士,3 便士,4 便士,5 便士,6 便士,10 便士,19 便士,20 便士,25 便士,30 便士,35 便士,36 便士,38 便士,41 便士,50 便士,1.00 镑,1.50 镑,2.00 镑,5.00 镑,10.00 镑。

给出表 2.17 中每一种邮资所需的最少邮票张数。

分析与解答　邮票面值共有 $n=21$ 种,每种面值设为 a_i 便士,$i=1,2,3,\cdots,21$。设某种邮资为 K 便士,邮资的构成为第 i 种面值的邮票 x_i 张,则每一种邮资所需的最少邮票张数的数学模型为

$$\min Z=\sum_{i=1}^{n}x_i$$

$$s.t.\begin{cases}\sum_{i=1}^{n}a_ix_i=K\\ x_i\geqslant 0\text{ 且为整数}\end{cases}$$

该模型可用 LINGO 求解。

```
model:
sets:
kind/1..21/:a,x;
endsets
data:
a = 1,2,3,4,5,6,10,19,20,25,30,35,36,38,41,50,100,150,200,500,1000;
K = 825; !待分解的数;
enddata
min = @sum(kind(i):x(i));
@sum(kind(i):a(i) * x(i)) = K;
@for(kind(i):@gin(x(i)));
end
```

如待分解数 K = 825,则所得结果为 825 = 500 + 200 + 100 + 25

如待分解数 K = 98,则所得结果为 98 = 19 + 38 + 41

但也可以采用穷举的方法得到结果。

程序设计的主要思想是:对基数任意两个数求和,可以得到最多经过两次分解的数,再以此为基础,每个数与基数求和,可以得到最多经过三次分解的数。如此继续下去,就可以得到每个数分解为基数的最少个数。具体可以按照如下方法完成:

处理N(这里取1 000)个数的基数构成个数。这里将数分为两种:基数和符合数。基数就是21种邮票面额,复合数就是由2个或多个基数相加得到的数。

定义数组 Number(N),Number(i) 表示第 i 个数的最小基数构成个数。初始时 21 个基数对应的 Number(i) = 1,表示这些数的最小基数构成个数为 1 个;其余的为 0,表示这些数的基数构成还没有完成。

定义数组 St(2,N)。其中 St(1,i) 表示构成第 i 个数的复合数,St(2,i) 表示构成第 i 个数的基数。

如 St(1,41) = 41,Number(41) = 1,则表示第 41 个数是基数。

St(1,98) = 88,St(2,98) = 10,Number(98) = 3,表示数 98 是由 3 个基数构成,98 具体又是由复合数 88 和基数 10 构成。

St(1,88) = 50,St(2,88) = 38,Number(88) = 2,表示数 88 是由 2 个基数构成,88 具体又是由复合数 50 和基数 38 构成。

St(1,50) = 50,Number(50) = 1,表示 50 已经是基数。

因此,可以得到 98 最少是由 3 个基数构成,98 = 50 + 38 + 10。

计算过程如下:

(1) 赋予基数 a(21),Number(i) = 0,St(1,i) = 0,St(2,i) = 0。

(2) 令 t = a(i),Number(t) = 1,St(1,t) = t。

(3) 对每个 Number(i) > 0 的数 i,计算 t = i + a(j) (j = 1,2,…,21),nt = Number(i) + 1。若 Number(t) = 0 或 nt < Number(t),则令 Number(t) = nt,St(1,t) = i,St(2,t) = a(j)。

(4) 多次循环执行(3),直到所有 Number(i) ＞ 0 停止,则计算出 1 到 N 每个数的最小基数构成个数。

MATLAB 实现程序如下：

```
a = [1,2,3,4,5,6,10,19,20,25,30,35,36,38,41,50,100,150,200,500,1000]; % 基数
x1 = [25,38,47,57,77,88,100,113,125,155,190,205,215,235,240,...
     305,370,435,500,565,630,695,760,825,890,955]; % 第一类邮资
x2 = [19,29,36,43,52,61,70,79,89,98,120,140]; % 第二类邮资

n = length(a);
% 每行存储可组合的数及其构成
N = 1000; % 最大数
St = zeros(2,N);
% 存储每个数由基数构成的个数
Number = zeros(1,N);

% 赋初始值
Total = n; % 统计不同的数
for i = 1:n
    t = a(i);
    St(1,t) = t;
    Number(t) = 1;
end

% 若 Number(i) = k,则 k 为基数个数

% 若 Number(i) >= 2,则 St(1,i) 为 St 中序号对应的数,St(2,i) 为基数

for Times = 1:8   % 控制执行次数,即最多邮票张数
for i = 1:N
    if(Number(i) > 0)
for j = 1:n
    t = i + a(j);
    nt = Number(i) + 1;
    if(t <= N&&(Number(t) == 0 || nt < Number(t)))
        % 只处理 1000 以内数
        % 对尚未分解的数或分解更少的数进行填充
        Number(t) = nt; % 该数加 1
        St(1,t) = i;
        St(2,t) = a(j);
```

```
        end
    end % end for j
        end % end for if(Number(i) > 0)
    end
    end %end for Times

    % 输出结果
      kp = 1;
     if(kp == 1)
        fprintf('第一类邮资:\n');
         Z = x1;
     end
     if(kp == 2)
         fprintf('第二类邮资:\n');
         Z = x2;
     end
    len = length(Z);
    for index = 1:len
        K = Z(index);% 待分解的数
    flag = 1;
      hao = K;
      fprintf('K = %2d,分解为 %2d 个基数:',K,Number(K));
    while(flag == 1)
       num = Number(1,hao);
       if(num == 1)
           fprintf('%2d ',St(1,hao));
           flag = 0;
       end

       if(num >= 2)
           fprintf('%2d ',St(2,hao));
           hao = St(1,hao);
       end

    end   %end while
    fprintf('\n');

    end   % end for index
```

所得结果为:

第一类邮资：

K = 25,分解为 1 个基数:25

K = 38,分解为 1 个基数:38

K = 47,分解为 2 个基数:41 6

K = 57,分解为 2 个基数:38 19

K = 77,分解为 2 个基数:41 36

K = 88,分解为 2 个基数:50 38

K = 100,分解为 1 个基数:100

K = 113,分解为 3 个基数:100 10 3

K = 125,分解为 2 个基数:100 25

K = 155,分解为 2 个基数:150 5

K = 190,分解为 3 个基数:150 38 2

K = 205,分解为 2 个基数:200 5

K = 215,分解为 3 个基数:200 10 5

K = 235,分解为 2 个基数:200 35

K = 240,分解为 3 个基数:200 38 2

K = 305,分解为 3 个基数:200 100 5

K = 370,分解为 3 个基数:200 150 20

K = 435,分解为 3 个基数:200 200 35

K = 500,分解为 1 个基数:500

K = 565,分解为 3 个基数:500 35 30

K = 630,分解为 3 个基数:500 100 30

K = 695,分解为 4 个基数:500 150 41 4

K = 760,分解为 4 个基数:500 200 50 10

K = 825,分解为 4 个基数:500 200 100 25

K = 890,分解为 5 个基数:500 200 150 38 2

K = 955,分解为 5 个基数:500 200 200 50 5

第二类邮资：

K = 19,分解为 1 个基数:19

K = 29,分解为 2 个基数:25 4

K = 36,分解为 1 个基数:36

K = 43,分解为 2 个基数:41 2

K = 52,分解为 2 个基数:50 2

K = 61,分解为 2 个基数:41 20

K = 70,分解为 2 个基数:50 20

K = 79,分解为 2 个基数:41 38

K = 89,分解为 3 个基数:50 38 1

K = 98,分解为 3 个基数:50 38 10

K = 120,分解为 2 个基数:100 20

K = 140,分解为 3 个基数:100 38 2

所得的分解最少张数是唯一的,但具体的组合情形则可以不同,程序给出了一种分解情形。

实验十四　概率问题随机模拟实验

一、电梯问题随机模拟实验

有 r 个人在一楼进入电梯,楼上共有 n 层。设每个乘客在任何一层楼出电梯的可能性相同,求直到电梯中的人下完为止,电梯须停次数的数学期望,并对 $r = 14, n = 28$ 进行计算机模拟验证。

分析与解答　把电梯作为考虑对象,电梯每层要么停要么不停,只有这两种情况。而停与不停是随机的,因此可把电梯每层停与不停用一个随机变量表示,从而可定义一个随机变量序列 ξ_i 如下:

$$\xi_i = \begin{cases} 0 & \text{楼上第 } i \text{ 层电梯不停} \\ 1 & \text{楼上第 } i \text{ 层电梯要停} \end{cases}$$

$\xi_i = 0$ 时当且仅当第 i 层电梯没有一个人出电梯,每个人在第 i 层不出电梯的概率为 $1 - \frac{1}{n}$,而每个人出与不出电梯又是独立的,因此所有 r 个人都不出电梯的概率为

$$P(\xi_i = 0) = \left(1 - \frac{1}{n}\right)^r$$

则

$$P(\xi_i = 1) = 1 - \left(1 - \frac{1}{n}\right)^r$$

ξ_i 的数学期望

$$E\xi_i = 1 - \left(1 - \frac{1}{n}\right)^r$$

记 $\xi = \xi_1 + \xi_2 + \cdots + \xi_n$,则 ξ 为电梯停的次数。

ξ 的数学期望

$$E\xi = E\xi_1 + E\xi_2 + \cdots + E\xi_n = n\left[1 - \left(1 - \frac{1}{n}\right)^r\right]$$

当 $r = 14, n = 28$ 时,可计算得

$$E\xi = 28\left[1 - \left(1 - \frac{1}{28}\right)^{14}\right] = 11.17$$

计算机模拟算法思想:

楼上 n 层的序号记为 $1,2,3,\cdots,n$,定义整型数组 $x(n)$,并将其 n 个元素的初始值置 0。计算机随机产生 $1 \sim n$ 的 r 个随机整数,若该数为 i,则令 $x(i) = 1$,表示第 i 层电梯有人要下,从而电梯在该层要停;当有多人在第 i 层要下时,仍用 $x(i) = 1$ 表示。统计数组 $x(n)$ 中为 1 的元素个数,即为该次模拟实验电梯要停的次数。总共模拟实验 N 次,求平均值就是电梯所停次数的模拟值。

MATLAB 程序 dianti. m 如下：

```
N = 5000;  % 模拟次数
n = 28;  % 电梯层数
r = 14;  % 电梯开始进的人数

s = 0;
x = zeros(n,1);
for k = 1:N  % 模拟 N 次
    s1 = 0;
    for i = 1:n
        x(i) = 0;
    end
    for j = 1:r  % 对每个人是否下电梯进行模拟
        i = 1 + floor(rand(1,1) * n);
        x(i) = 1;  % 第 i 层有人下
    end
    s1 = sum(x); % 该次模拟中总共要下的人数
    s = s + s1;  % 统计各次模拟中下的人数
end
  eq = s/N; % 模拟平均值
  ei = n * (1 - (1 - 1/n)^r);
  fprintf('模拟电梯要停次数的理论值 %6.2f,模拟值为 %6.2f\n',ei,eq);
```

某两次运行结果为:11.15,11.18,与理论数值 11.17 很接近。

二、报童策略问题模拟实验

设某报每日的潜在卖报数 X 服从参数为 $\lambda = 120$ 的 Poisson 分布。如果每卖出一份报可得报酬 1.5 元，卖不掉而退回则每份赔偿 0.6 元。若某日该报童买进 n 份报，试求其期望所得，对 $n = 100$ 和 $n = 140$ 分别作计算机模拟。

分析与解答　当市场需求 $X < n$ 时，将只能卖出 X 份报；当市场需求 $X \geqslant n$ 时，则将卖出全部 n 份报。而 X 服从参数为 λ 的 Poisson 分布。设随机变量 Y 为实际卖出的报数，则其为截尾的 Poisson 分布，即

$$P(Y = k) = \begin{cases} \dfrac{\lambda^k}{k\,!}e^{-\lambda} & k < n \\ \displaystyle\sum_{k=n}^{\infty} \dfrac{\lambda^k}{k\,!}e^{-\lambda} & k = n \end{cases}$$

记收入为随机变量 Z，则 Z 与 Y 的关系为

$$Z = \begin{cases} 1.5n & Y = n \\ 1.5Y - 0.6(n - Y) & Y < n \end{cases}$$

期望所得为

$$EZ = \sum_{k=0}^{n-1} \frac{\lambda^k}{k!}e^{-\lambda}[1.5k-(n-k)\times 0.6] + \left(\sum_{k=n}^{\infty}\frac{\lambda^k}{k!}e^{-\lambda}\right)\times 1.5n =$$

$$2.1\sum_{k=0}^{n-1} k\frac{\lambda^k}{k!}e^{-\lambda} - 2.1n\sum_{k=0}^{n-1}\frac{\lambda^k}{k!}e^{-\lambda} + 1.5n$$

为使用 MATLAB 计算或模拟方便，这里先介绍三个 Poisson 分布的 MATLAB 函数。

(1)poisspdf(k,lamda)，计算 Poisson 分布当参数 λ = lamda，X 时的概率。

(2)poisscdf(k,lamda)，计算 Poisson 分布当参数 λ = lamda，分布函数在 $X = k$ 处的值。

(3)poissrnd(lamda,m,n)，参数 m 行 n 列个服从参数为 lamda 的 Poisson 分布随机变量。

理论计算的 MATLAB 程序 baotong1.m 如下：

```
n = 100; % 买报数
lam = 120; %Poisson 分布参数 lamda
s = 0;
for k = 0:n-1
    s = s + k * poisspdf(k,lam);
end
Z = 2.1 * s - 2.1 * n * poisscdf(n-1,lam) + 1.5 * n;
fprintf('买报数 %2d 份,期望收益为 %6.2f 元 \n',n,Z);
```

可得理论结果为：

买报数 140 份，期望收益为 167.65 元

买报数 100 份，期望收益为 149.74 元

计算机模拟的 MATLAB 程序 baotong2.m 如下：

```
n = 140; % 买报数
lam = 120; %Poisson 分布参数 lamda
times = 10000; % 模拟次数
x = poissrnd(lam,1,times); % 产生 times 个服从 Poisson 分布的随机变量,代表市场
需求
total = 0; % 计算总共收入
for i = 1:times
    if x(i) >= n % 全部卖出情形
        total = total + 1.5 * n; % 卖出一份报赚 1.5 元
    else  % 卖出 x(i) 份报情形
        total = total + x(i) * 1.5 - (n - x(i)) * 0.6;
    end
end
Z = total/times; % 平均一次的收入
fprintf('%2d 份报期望所得为 %6.2f 元 \n',n,Z);
```

两次模拟结果如下：

第一次模拟结果：

100 份报期望所得为 149.72 元

140 份报期望所得为 167.88 元

第二次模拟结果：

100 份报期望所得为 149.77 元

140 份报期望所得为 167.94 元

前面计算出理论值为：100 份报期望所得为 149.74 元，140 份报期望所得为 167.65 元。可见模拟值与理论值十分接近。

三、矿工选门问题模拟实验

一名矿工陷入一个有三扇门的矿井中，第一扇门通到一个隧道，走 2 h 可以到达安全区；第二扇门通到另一个隧道，走 3 h 回到矿井中；第三扇门通到又一个隧道，走 5 h 回到矿井中。假定矿工总是等可能地选择三扇门的任何一扇门，求：

(1) 经过 n 次选择后到达安全区的概率。

(2) 到达安全区的平均时间。

分析与求解

(1) 令 $X_n = 0$ 表示第 n 次选择门行走后回到矿井，$X_n = 1$ 表示第 n 次选择门行走后到达安全区。则

$$P\{X_0 = 0\} = 1,\quad P\{X_0 = 1\} = 0$$

$$P\{X_1 = 0\} = \frac{2}{3},\quad P\{X_1 = 1\} = \frac{1}{3}$$

$$P\{X_2 = 0\} = \left(\frac{2}{3}\right)^2,\quad P\{X_2 = 1\} = \frac{2}{3^2}$$

$$P\{X_3 = 0\} = \left(\frac{2}{3}\right)^3,\quad P\{X_3 = 1\} = \frac{2^2}{3^3}$$

$$P\{X_n = 0\} = \left(\frac{2}{3}\right)^n,\quad P\{X_n = 1\} = \frac{2^{n-1}}{3^n}$$

即第 n 次选择门后到达安全区的概率为 $\frac{2^{n-1}}{3^n}$，仍然在矿井中的概率为 $\left(\frac{2}{3}\right)^n$。则经过 n 次选择门后处于安全区的概率为 $p_n = 1 - \left(\frac{2}{3}\right)^n, n = 1,2,3,\cdots$。

(2) 设矿工到达全区选择了第 2 扇门 k 次，选择了第 3 扇门 l 次。则该情况下矿工到达安全区的时间为

$$X = 2 + 3k + 5l$$

该情况种数为 C_{k+l}^k，该情况发生的概率为

$$P\{X = 2 + 3k + 5l\} = \left(\frac{1}{3}\right)^{1+k+l} \quad k,l = 0,1,2,\cdots$$

因此矿工走出矿井到达安全区的平均时间为

$$EX = \sum_{k,l=0}^{\infty} C_{k+l}^k (2 + 3k + 5l)\left(\frac{1}{3}\right)^{1+k+l} = 10 \text{ h}$$

该和式的 C 语言计算程序如下：

```
#include <stdio.h>
```

```
#include < stdlib.h >
#include < math.h >
#include < time.h >
double CalZu(int a,int b);
void main()
{
    double s,p,c;
    int b,n,k,l;
      s = 0;
    for(k = 0;k <= 200;k ++)
      for(l = 0;l <= 200;l ++)
      {
       b = 2 + 3 * k + 5 * l;
       n = k + l + 1;
       p = pow(1.0/3.0,n);
       c = CalZu(k + l,k);
       s += c * b * p;
      }
    printf(" 理论平均时间为 %5.1f 小时 \n",s);
}

// 计算组合数 C(a,b)
 double CalZu(int a,int b)
 {
  int i,k;
  double t;
  k = a - b;
  if(k < b) b = k;
  t = 1.0;
  for(i = 0;i < b;i ++)
  t = t * (a - i)/(b - i);
  return t;
 }
```

程序输出为:理论平均时间为 10.0 小时。

计算机模拟的 C 语言程序如下:

```
#include < stdio.h >
#include < stdlib.h >
#include < math.h >
#include < time.h >
```

```
#define N      10000   // 定义模拟次数
void main()
{

    int index,door;
    int flag,Time;
    double sum,aver;
    srand(time(0));

  sum = 0;
    for(index = 0;index < N;index ++)
    {

      flag = 1;
  Time = 0;
    while(flag == 1)
    { // 模拟 1 次
    door = 1 + rand()/3;  // 随机选择 1 个门
    if(door == 1) Time += 2;  // 选择 1 号门
    else if(door == 2) Time += 3; // 选择 2 号门
    else if(door == 3) Time += 5; // 选择 3 号门
    if(door == 1) flag = 0;
    } //end while
     sum += Time;
    } //end for index
   aver = 1.0 * sum/N;
   printf(" 平均时间为 %5.2f 小时.\n",aver);
}
```

某三次模拟结果为 10.04,10.14,9.91,与理论值 10 h 很接近。

实验十五　山羊与轿车选择的游戏实验

假设你在进行一个游戏节目。现给三扇门供你选择:一扇门后面是一辆轿车,另两扇门后面分别都是一头山羊。你的目的当然是要想得到比较值钱的轿车,但你却并不能看到门后面的真实情况。主持人先让你作第一次选择。在你选择了一扇门后，知道其余两扇门后面是什么的主持人,打开了另一扇门给你看,而且,当然,那里有一头山羊。现在主持人告诉你,你还有一次选择的机会。那么,请你考虑一下，你是坚持第一次的选择不变,还是改变第一次的选择,更有可能得到轿车？

《广场杂志》刊登出这个题目后，竟引起全美大学生的举国辩论，许多大学的教授也参与了进来，真可谓盛况空前。据《纽约时报》报道，这个问题也在中央情报局的办公室内和波斯湾飞机驾驶员的营房里引起了争论，它还被麻省理工学院的数学家们和新墨西哥州洛斯阿拉莫斯实验室的计算机程序员进行过分析。现在，请你来回答一下这个问题。

分析与解答 当采用不改变主意时，要得到车只有第一次选到车才可能。而第一次选到车的概率为 1/3，因此不改变主意时选到车的概率为 1/3。

当采用改变主意时，要选到车只有第一次选到山羊才可能。而第一次选到山羊的概率为 2/3，因此改变主意时选到车的概率为 2/3。

结论：采用改变主意更好。

用事件表达为：设 A_1 表示第一次选到轿车，A_2 表示第一次选到山羊，B 表示最终选到轿车。则由题有

$$P(A_1) = \frac{1}{3},\quad P(A_2) = \frac{2}{3}$$

策略有两种，一种是不改变以前的选择，另一种是改变以前的选择。

(1) 当不改变选择时，第一次选择到轿车时最终也一定选到轿车，故 $P(B \mid A_1) = 1$，则

$$P_1(B) = P(A_1)P(B \mid A_1) = \frac{1}{3}$$

(2) 当改变选择时，第一次选择山羊，改变主意必然选到轿车，故 $P(B \mid A_2) = 1$，则

$$P_2(B) = P(A_2)P(B \mid A_2) = \frac{2}{3}$$

显然，$P_2(B) = \frac{2}{3} > \frac{1}{3} = P_1(B)$。

计算机模拟 MATLAB 程序如下：

```
n = 1000000; % 选取次数
car_change = 0; % 换得车次数
car_unchange = 0;% 不换得车次数
open = rand(n,1) * 3;% 均匀分布的随机数,在 0 ~ 1 表示选中车
for i = 1:n
if open(i) <= 1 % 如果选中车
car_unchange = car_unchange + 1; % 不换则得车,
car_change = car_change + 0;% 换则不得车
else % 没选中车
car_unchange = car_unchange + 0; % 不换则不得车
car_change = car_change + 1;% 换则得车
end
end
fprintf('如果换得车概率:%6.4f\n',car_change/n);
fprintf('如果不换得车概率:%6.4f',car_unchange/n)
```

运行结果：

如果换得车概率：0.6668

如果不换得车概率：0.3332

问题扩展：

假设有 n 扇门供你选择：一扇门后面是一辆轿车，另 $n-1$ 扇门后面分别都是一头山羊。你的目的当然是想得到比较值钱的轿车，但你却并不能看到门后面的真实情况。主持人先让你作第一次选择。在你选择了一扇门后，知道其余 $n-1$ 扇门后面是什么的主持人，打开了另一扇门给你看，而且，当然，那里有一头山羊。现在主持人告诉你，你还有一次选择的机会。那么，请你考虑一下，你是坚持第一次的选择不变，还是改变第一次的选择，更有可能得到轿车？

分析与解答　设 A_1 表示第一次选到轿车，A_2 表示第一次选到山羊，B 表示最终选到轿车。则由题有

$$P(A_1)=\frac{1}{n},\quad P(A_2)=\frac{n-1}{n}$$

策略有两种，一种是不改变以前的选择，另一种是改变以前的选择。

(1) 当不改变选择时，有

$$P(B\mid A_1)=1$$

则
$$P_1(B)=P(A_1)P(B\mid A_1)=\frac{1}{n}$$

(2) 当改变选择时，有

$$P(B\mid A_2)=\frac{1}{n-2}$$

则
$$P_2(B)=P(A_2)P(B\mid A_2)=\frac{n-1}{n}\frac{1}{n-2}$$

显然，$P_2(B)=\dfrac{1}{n}\dfrac{n-1}{n-2}>\dfrac{1}{n}=P_1(B)$，故改变选择好。

实验十六　中心极限定理实验

中心极限定理：设 $\{X_k\}$ 是独立同分布的随机变量序列，且 $EX_k=a, DX_k=\sigma^2(0<\sigma^2<\infty), k=1,2,3,\cdots$，则

$$\sum_{k=1}^{n}X_k\sim AN(na, n\sigma^2)$$

该定理表明多个随机变量的和渐近服从正态分布，与各随机变量服从什么分布无关。其期望为多个随机变量的期望之和，方差为多个随机变量的方差之和。

实验可用均匀分布、几何分布、二项分布、Poisson 分布、指数分布分别作演示，这里给出指数分布和 Poisson 分布的演示实验。

1. 指数分布随机变量和的实验

设随机变量 X_k 服从指数分布，密度函数为

$$f(x)=\begin{cases}\dfrac{1}{\lambda}e^{-\frac{x}{\lambda}} & x\geqslant 0\\ 0 & x<0\end{cases}$$

数学期望和方差分别为

$$EX = \lambda, \quad DX = \lambda^2$$

设 $Y = \sum_{i=1}^{n} X_i$，且各 X_k 相互独立。由独立随机变量和的计算公式，通过递推可得到 Y 的密度函数为

$$f_n(x) = \begin{cases} \dfrac{x^{n-1}}{(n-1)!\lambda^n} e^{-\frac{x}{\lambda}} & x \geqslant 0 \\ 0 & x < 0 \end{cases}$$

该分布恰为 $\Gamma(n,\lambda)$ 分布，因此计算时直接采用 $\Gamma(n,\lambda)$ 的密度函数。同时可计算出

$$EY = n\lambda, \quad DY = n\lambda^2$$

分别作出 $\Gamma(n,\lambda)$ 的密度函数和正态分布 $N(n\lambda, n\lambda^2)$ 的密度函数进行对比，如图 2.17 所示。

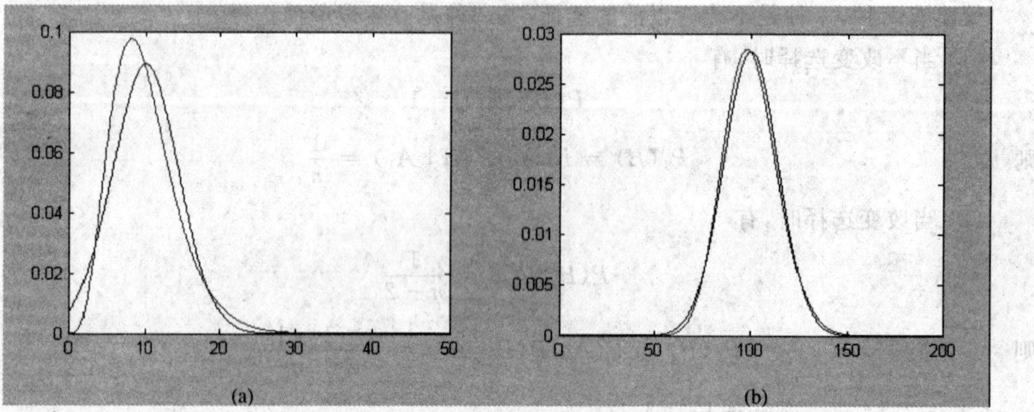

图 2.17 $\lambda = 2$ 时不同 n 值的对比图

(a)$n = 5$； (b)$n = 50$

MATLAB 程序 expzt.m 如下：

```
x = [0:0.1:200]';
n = 50;  % 给出随机变量个数
lam = 2;

mu = n * lam;  % 期望
sig = sqrt(n) * lam; % 标准差
  y1 = gampdf(x,n,lam); %n 个指数分布和的密度函数
  y2 = normpdf(x,mu,sig);  % 对应正态分布的密度函数

plot(x,y1,'r',x,y2,'b')
% 红色为 n 个指数分布随机变量和的密度函数
% 蓝色为对应正态分布的密度函数
```

2. Poisson 分布随机变量和的实验

设随机变量 X_k 服从 Poisson 分布，分布律为

$$P(X=i)=\frac{\lambda^i}{i\,!}e^{-\lambda}\quad i=1,2,3,\cdots$$

数学期望和方差分别为

$$EX=\lambda,\quad DX=\lambda$$

设 $Y=\sum_{i=1}^{n}X_i$，且各 X_k 相互独立。由独立随机变量和的计算公式，通过递推可得到 Y 的分布律为

$$P(X=i)=\frac{(n\lambda)^i}{i\,!}e^{-n\lambda}\quad i=1,2,3,\cdots$$

数学期望和方差分别为

$$EX=n\lambda,\quad DX=n\lambda$$

该分布恰为参数为 $n\lambda$ 的 Poisson 分布，因此计算时也采用 Poisson 分布的密度函数。分别作出参数为 $n\lambda$ 的 Poisson 密度函数和正态分布 $N(n\lambda,n\lambda)$ 的密度函数进行对比，如图 2.18 所示。

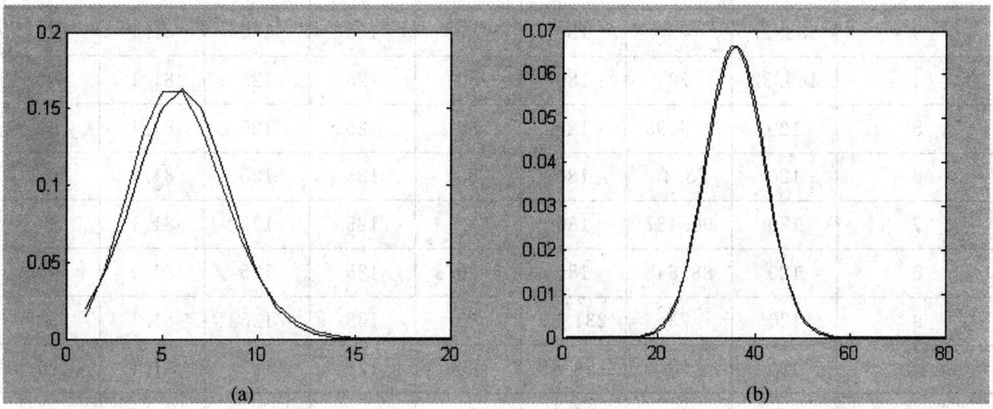

图 2.18　$\lambda=1.2$ 时不同 n 值的对比图

(a) $n=5$；(b) $n=30$

MATLAB 程序 poisszt. m 如下：

```
n = 30;  % 给出随机变量个数

lam = 1.2; % 给出参数值
x = 1:80;
nlam = n * lam;
mu = nlam; % 对应正态分布的期望
sig = sqrt(nlam);  % 对应正态分布的标准差
y1 = poisspdf(x,nlam); %n 个随机变量和的密度
y2 = normpdf(x,mu,sig); % 对应正态分布的密度,mu 为均值,sig 为标准差
```

```
plot(x,y1,'r',x,y2,'b'); % 作图
```

实验十七　线性回归实验

一、问题引入

2004 年全国数模竞赛的 B 题"电力市场的输电阻塞管理"的第 1 个问题是这样的：

某电网有 8 台发电机组，6 条主要线路，表 2.18 和表 2.19 中的方案 0 给出了各机组的当前出力和各线路上对应的有功潮流值，方案 1～32 给出了围绕方案 0 的一些实验数据，试用这些数据确定各线路上有功潮流关于各发电机组出力的近似表达式。

表 2.18　各机组出力方案　　单位：MW

机组方案	1	2	3	4	5	6	7	8
0	120	73	180	80	125	125	81.1	90
1	133.02	73	180	80	125	125	81.1	90
2	129.63	73	180	80	125	125	81.1	90
3	158.77	73	180	80	125	125	81.1	90
4	145.32	73	180	80	125	125	81.1	90
5	120	78.596	180	80	125	125	81.1	90
6	120	75.45	180	80	125	125	81.1	90
7	120	90.487	180	80	125	125	81.1	90
8	120	83.848	180	80	125	125	81.1	90
9	120	73	231.39	80	125	125	81.1	90
10	120	73	198.48	80	125	125	81.1	90
11	120	73	212.64	80	125	125	81.1	90
12	120	73	190.55	80	125	125	81.1	90
13	120	73	180	75.857	125	125	81.1	90
14	120	73	180	65.958	125	125	81.1	90
15	120	73	180	87.258	125	125	81.1	90
16	120	73	180	97.824	125	125	81.1	90
17	120	73	180	80	150.71	125	81.1	90
18	120	73	180	80	141.58	125	81.1	90
19	120	73	180	80	132.37	125	81.1	90
20	120	73	180	80	156.93	125	81.1	90
21	120	73	180	80	125	138.88	81.1	90

续表

机组方案	1	2	3	4	5	6	7	8
22	120	73	180	80	125	131.21	81.1	90
23	120	73	180	80	125	141.71	81.1	90
24	120	73	180	80	125	149.29	81.1	90
25	120	73	180	80	125	125	60.582	90
26	120	73	180	80	125	125	70.962	90
27	120	73	180	80	125	125	64.854	90
28	120	73	180	80	125	125	75.529	90
29	120	73	180	80	125	125	81.1	104.84
30	120	73	180	80	125	125	81.1	111.22
31	120	73	180	80	125	125	81.1	98.092
32	120	73	180	80	125	125	81.1	120.44

表 2.19　各线路的有功潮流值(各方案与表 2.18 相对应)　单位:MW

线路方案	1	2	3	4	5	6
0	164.78	140.87	－144.25	119.09	135.44	157.69
1	165.81	140.13	－145.14	118.63	135.37	160.76
2	165.51	140.25	－144.92	118.7	135.33	159.98
3	167.93	138.71	－146.91	117.72	135.41	166.81
4	166.79	139.45	－145.92	118.13	135.41	163.64
5	164.94	141.5	－143.84	118.43	136.72	157.22
6	164.8	141.13	－144.07	118.82	136.02	157.5
7	165.59	143.03	－143.16	117.24	139.66	156.59
8	165.21	142.28	－143.49	117.96	137.98	156.96
9	167.43	140.82	－152.26	129.58	132.04	153.6
10	165.71	140.82	－147.08	122.85	134.21	156.23
11	166.45	140.82	－149.33	125.75	133.28	155.09
12	165.23	140.85	－145.82	121.16	134.75	156.77
13	164.23	140.73	－144.18	119.12	135.57	157.2
14	163.04	140.34	－144.03	119.31	135.97	156.31
15	165.54	141.1	－144.32	118.84	135.06	158.26
16	166.88	141.4	－144.34	118.67	134.67	159.28

续 表

线路方案	1	2	3	4	5	6
17	164.07	143.03	−140.97	118.75	133.75	158.83
18	164.27	142.29	−142.15	118.85	134.27	158.37
19	164.57	141.44	−143.3	119	134.88	158.01
20	163.89	143.61	−140.25	118.64	133.28	159.12
21	166.35	139.29	−144.2	119.1	136.33	157.59
22	165.54	140.14	−144.19	119.09	135.81	157.67
23	166.75	138.95	−144.17	119.15	136.55	157.59
24	167.69	138.07	−144.14	119.19	137.11	157.65
25	162.21	141.21	−144.13	116.03	135.5	154.26
26	163.54	141	−144.16	117.56	135.44	155.93
27	162.7	141.14	−144.21	116.74	135.4	154.88
28	164.06	140.94	−144.18	118.24	135.4	156.68
29	164.66	142.27	−147.2	120.21	135.28	157.65
30	164.7	142.94	−148.45	120.68	135.16	157.63
31	164.67	141.56	−145.88	119.68	135.29	157.61
32	164.69	143.84	−150.34	121.34	135.12	157.64

看到这个问题，容易想到该问题就是要找出各线路上的有功潮流与 8 台发电机组出力之间的函数关系。这是数学上的一个函数拟合问题，如果进一步数学化就是：

设 6 条线路上有功潮流为 $y_j, j = 1,2,3,\cdots,6$，8 台发电机组出力为 $x_i, i = 1,2,3,\cdots,8$，该问题变为寻找函数关系表达式

$$y_j = f_j(x_1, x_2, x_3, \cdots, x_8) \quad j = 1,2,3,\cdots,6$$

对函数拟合，可以采用线性，也可以采用非线性的函数。非线性有多项式、三角函数、指数函数等，面对如本问题所示的具体数据，可采用线性回归分析来做。

二、回归分析方法

回归分析，直观地讲，就是对平面上一些散布的点，采用一条最好的直线去表示。如图2.19 是 12 组儿子身高 y 和父亲身高 x 数据关系的散布点，采用直线拟合的示意图。

上面的示例中自变量只有一个，属一元回归分析。如果自变量有多个，则属多元回归分析。如上述竞赛题，自变量是 8 台发电机组出力 $x_1, x_2, x_3, \cdots, x_8$，作回归分析就属多元回归分析。下面分别概要介绍一元回归分析和多元回归分析的原理和方法。

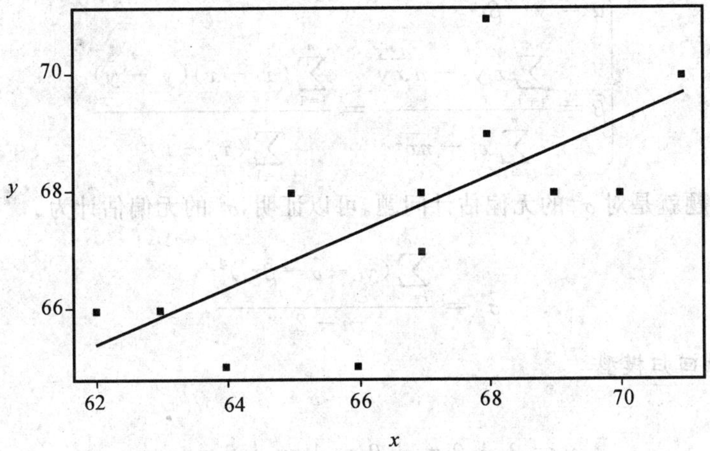

图 2.19　平面上散布点的直线拟合示意图

1. 一元线性回归

模型

$$y = \alpha + \beta x + \varepsilon$$

其中，$\varepsilon \sim N(0,\sigma^2)$。

对一组观测值(x_i, y_i)，$i = 1,2,3,\cdots,n$，满足

$$y_i = \alpha + \beta x_i + \varepsilon_i$$

其中，各 ε_i 相互独立且 $\varepsilon_i \sim N(0,\sigma^2)$，$i = 1,2,3,\cdots,n$。

找一条最好的直线通过 n 个已知的观测点，实际上就是寻找满足如下目标的直线参数 α,β。

目标函数：

$$\sum_{i=1}^{n}(y_i - \hat{\alpha} - \hat{\beta}x_i)^2 = \min_{\alpha,\beta}\sum_{i=1}^{n}(y_i - \alpha - \beta x_i)^2$$

下面利用高等数学知识，简单介绍参数 α,β 的求法。

记
$$S(\alpha,\beta) = \sum_{i=1}^{n}(y_i - \alpha - \beta x_i)^2$$

则
$$\frac{\partial S}{\partial \alpha} = 2\sum_{i=1}^{n}(y_i - \alpha - \beta x_i) = 0$$
$$\frac{\partial S}{\partial \beta} = 2\sum_{i=1}^{n}(y_i - \alpha - \beta x_i)x_i = 0$$

有

$$\begin{cases} n\hat{\alpha} + n\bar{x}\hat{\beta} = n\bar{y} \\ n\bar{x}\hat{\alpha} + \sum_{i=1}^{n} x_i^2\hat{\beta} = \sum_{i=1}^{n} x_i y_i \end{cases}$$

这里，$\bar{x} = \frac{1}{n}\sum_{i=1}^{n} x_i$，$\bar{y} = \frac{1}{n}\sum_{i=1}^{n} y_i$，则

$$\begin{cases} \hat{\alpha} = \bar{y} - \hat{\beta}\bar{x} \\ \hat{\beta} = \dfrac{\sum_{i=1}^{n} x_i y_i - n\overline{x}\overline{y}}{\sum_{i=1}^{n} x_i^2 - n\bar{x}^2} = \dfrac{\sum_{i=1}^{n}(x_i - \bar{x})(y_i - \bar{y})}{\sum_{i=1}^{n}(x_i - \bar{x})^2} \end{cases}$$

另外一个问题就是对 σ^2 的无偏估计问题。可以证明，σ^2 的无偏估计为

$$\hat{\sigma}^2 = \frac{\sum_{i=1}^{n}(y_i - \hat{\alpha} - \hat{\beta}x_i)^2}{n-2}$$

2. 多元线性回归模型

模型

$$y = \beta_0 + \beta_1 x_1 + \beta_2 x_2 + \cdots + \beta_m x_m + \varepsilon$$

其中，$\varepsilon \sim N(0,\sigma^2)$，$\beta_0,\beta_1,\beta_2,\cdots,\beta_m,\sigma^2$ 是未知参数。

设$(x_{i1},x_{i2},x_{i3},\cdots,x_{im},y_i)$，$i=1,2,3,\cdots,n$，是$(x_1,x_2,x_3,\cdots,x_m,y)$的 n 个观测值，则满足

$$y_i = \beta_0 + \beta_1 x_{i1} + \beta_2 x_{i2} + \cdots + \beta_m x_{im} + \varepsilon_i \quad i = 1,2,3,\cdots,n$$

其中，各 ε_i 相互独立，且 $\varepsilon_i \sim N(0,\sigma^2)$。

令
$$\boldsymbol{\beta} = (\beta_0,\beta_1,\cdots,\beta_m)^{\mathrm{T}}, \quad \boldsymbol{\varepsilon} = (\varepsilon_1,\varepsilon_2,\cdots,\varepsilon_n)^{\mathrm{T}}$$

$$\boldsymbol{Y} = (y_1,y_2,\cdots,y_n)^{\mathrm{T}} \tag{2.2}$$

$$\boldsymbol{X} = \begin{bmatrix} 1 & x_{11} & x_{12} & \cdots & x_{1m} \\ 1 & x_{21} & x_{22} & \cdots & x_{2m} \\ \vdots & \vdots & \vdots & & \vdots \\ 1 & x_{n1} & x_{n2} & \cdots & x_{nm} \end{bmatrix} \tag{2.3}$$

则方程组用矩阵表达为

$$\boldsymbol{Y} = \boldsymbol{X\beta} + \boldsymbol{\varepsilon}$$

假定矩阵 $\boldsymbol{X}$ 的秩等于 $m+1$，即列满秩，则

$$\boldsymbol{X}^{\mathrm{T}}\boldsymbol{Y} = (\boldsymbol{X}^{\mathrm{T}}\boldsymbol{X})\hat{\boldsymbol{\beta}}$$

解得

$$\hat{\boldsymbol{\beta}} = (\boldsymbol{X}^{\mathrm{T}}\boldsymbol{X})^{-1}\boldsymbol{X}^{\mathrm{T}}\boldsymbol{Y}$$

σ^2 的无偏估计为

$$\hat{\sigma}^2 = \frac{\sum_{j=1}^{m}(y_i - \sum_{i=1}^{n} x_{ij}\hat{\beta}_j)^2}{n-m-1}$$

当 $m=1$ 时，就变成一元回归分析，其参数 β 的求解及 σ^2 的无偏估计与一元回归分析得到的结论是一致的。

3. 回归模型的假设检验

在完成回归模型中参数及回归偏差 σ^2 的估计后，还需要对模型进行评价，包括检验采用线性回归是否适合，每一个变量是否对因变量起作用，采用线性回归好坏程度的度量。下面分别进行讨论。

(1) 回归方程的显著性检验。

$H_0:\beta_1=\beta_2=\beta_3=\cdots=\beta_m=0$

H_1:至少有一个 $\beta_j\neq 0(j=1,2,3,\cdots,m)$

当原假设 H_0 成立时,说明回归方程不显著,采用线性进行回归是不适合的。

当备选假设 H_1 成立时,说明回归方程显著,采用线性回归有意义。

令 $\bar{Y}=\dfrac{1}{n}\sum_{i=1}^{n}Y_i$,考虑总离差平方和

$$S_T=\sum_{i=1}^{n}(y_i-\bar{y})^2=\sum_{i=1}^{n}[(y_i-\hat{y}_i)+\hat{y}_i-\bar{y}]^2=$$

$$\sum_{i=1}^{n}(y_i-\hat{y}_i)^2+\sum_{i=1}^{n}(\hat{y}_i-\bar{y})^2=S_e+S_R$$

其中,$S_e=\sum_{i=1}^{n}(y_i-\hat{y}_i)^2$,称为剩余残差平方和;$S_R=\sum_{i=1}^{n}(\hat{y}_i-\bar{y})^2$,称为回归平方和。

在 H_0 成立的条件下,可以证明

$$S_e/\sigma^2\sim x^2(n-m-1),\quad S_R/\sigma^2\sim x^2(m)$$

且 S_e 与 S_R 相互独立,则

$$F=\frac{S_R/m}{S_e/(n-m-1)}\sim F(m,n-m-1)$$

对给定显著水平 α,可查表得 $F_\alpha(m,n-m-1)$,计算统计量 F 的数值 f。若 $f\geqslant F_\alpha(m,n-m-1)$,则拒绝 H_0,即认为各系数不为零,线性回归方程是显著的;否则接受 H_0,即认为线性回归方程不显著。

(2) 回归系数的显著性检验。

检验假设

$$H_0:\beta_j=0\leftrightarrow H_1:\beta_j\neq 0(j=1,2,3,\cdots,m)$$

当原假设 H_0 成立时,说明自变量 x_j 对 y 不起作用,在回归模型中可以去掉。

当备选假设 H_1 成立时,说明自变量 x_j 对 y 有作用,在回归模型中不能去掉。

可以证明,$\hat{\beta}_j\sim N(\beta_j,C_{jj}\sigma^2)$,$C_{jj}$ 是 $\boldsymbol{C}=(\boldsymbol{X}^{\mathrm{T}}\boldsymbol{X})^{-1}$ 的主对角线上的第 $j+1$ 个元素。

$$\frac{\hat{\beta}_j-\beta_j}{\sqrt{C_{jj}\sigma^2}}\sim N(0,1)$$

而$\dfrac{S_e}{\sigma^2}\sim x^2(n-m-1)$,且 S_e 与 $\hat{\beta}_j$ 独立,则在 H_0 成立的条件下,有

$$T_j=\frac{\hat{\beta}_j}{\sqrt{C_{jj}S_e/(n-m-1)}}=\frac{\hat{\beta}_j}{\sqrt{C_{jj}}\,\hat{\sigma}}\sim t(n-m-1)$$

对给定的显著水平 α,查表得 $t_{\alpha/2}(n-m-1)$,计算统计量 T_j 的数值 t_j。若 $|t_j|\geqslant t_{\alpha/2}(n-m-1)$,则拒绝 H_0,即认为 β_j 显著不为零;若 $|t_j|<t_{\alpha/2}(n-m-1)$,则接受 H_0,即认为 β_j 等于零。

(3) 复相关系数。对一个回归方程来说,即使回归显著,但还涉及回归好坏程度的度量。对两个随机变量之间,衡量它们的相关程度可以采用相关系数来度量,但对一个因变量和一组自变量之间线性相关程度,则要采用下面介绍的复相关系数来度量。

复相关系数定义:

$$R^2=\frac{S_R}{S_T}=1-\frac{S_e}{S_T}$$

当离差平方和 S_e 越小，则复相关系数越大。该指标反映了采用一组自变量 $x_1,x_2,x_3,\cdots,x_m$ 解释因变量 y 的程度，$0<R^2\leqslant 1$。R^2 越接近 1，表示因变量 y 与各自变量 x_i 之间线性相关程度越强。

但复相关系数也有一些缺点，当采用的自变量越多时，其 S_e 总会减少，从而导致 R^2 增大，而有些自变量的引入可能是多余的。为更准确地反映参数个数的影响，采用调整的复相关系数(Adjust R^2)。其定义如下：

$$aR^2=1-\frac{S_e/(n-m-1)}{S_R/(n-1)}$$

R^2 和 aR^2 越接近 1，表示因变量 y 与各自变量 x_i 之间线性相关程度越强。

三、线性回归的 MATLAB 实现

回归分析的求解在 MATLAB 中可用函数 regress 实现，其使用格式为

[b,bint,r,rint,stats] = regress(Y,X,alpha)

其中 Y 为列向量，表达因变量的取值，为式(2.2)；X 为矩阵，代表自变量的取值，为式(2.3)；Alpha 为置信水平，缺省时取 0.05；b 为参数 β 的取值，为列向量；bint 为参数 β 的置信度为(1－alpha) 的置信区间，当置信区间包含 0 时，说明该参数未通过 T 检验，可认为 0；r 为残差向量，取值为 Y－Xb；rint 为残差的置信度为(1－alpha) 的置信区间；stats 为回归方程的统计量，stats(1) 为复相关系数，stats(2) 为 F 值，stats 为 F 值对应的概率值。

对照参数意义，理解了该函数的调用方式，采用 MATLAB 可方便求解该问题。

根据围绕方案 0 的 1～32 组实验数据，对于 6 条主要线路的潮流值关于 8 台机组出力的近似表达式，采用多元线性回归的方法。设 8 台机组出力分别为 $x_1,x_2,x_3,\cdots,x_8$，6 条主要线路的有功潮流分别为 $y_1,y_2,y_3,\cdots,y_6$，采用如下线性回归方程：

$$y_i=a_{i0}+\sum_{j=1}^{8}a_{ij}x_j \quad i=1,2,3,\cdots,6$$

根据表 2.18 和表 2.19 中围绕方案 0 的 1～32 组实验数据，利用软件 SAS8 得到如下结果：

$$y_1=110.296\,51+0.082\,84x_1+0.048\,28x_2+0.052\,97x_3+0.119\,93x_4-0.025\,44x_5+0.122\,01x_6+0.121\,58x_7-0.001\,23x_8$$

复相关系数 $R^2=0.999\,5$，均方误差 $RMSE=0.035\,99$，方程显著性检验 $F=5\,861.52$，概率 $P\{F>5\,861.52\}<0.000\,1<\alpha=0.01$，其中 $\alpha=0.01$ 为检验水平，故回归方程显著。

$$y_2=131.228\,92-0.054\,56x_1+0.127\,85x_2-0.000\,025\,94x_3+0.033\,28x_4+0.086\,85x_5-0.112\,44x_6-0.018\,93x_7+0.098\,73x_8$$

复相关系数 $R^2=0.999\,6$，均方误差 $RMSE=0.031\,82$，方程显著性检验 $F=141.096\,25$，概率 $P\{F>141.096\,25\}<0.000\,1<\alpha=0.01$，故回归方程显著。

$$y_3=-108.873\,16-0.069\,54x_1+0.061\,65x_2-0.156\,62x_3-0.009\,92x_4+0.124\,49x_5+0.002\,12x_6-0.002\,51x_7-0.201\,39x_8$$

复相关系数 $R^2=0.999\,9$，均方误差 $RMSE=0.032\,82$，方程显著性检验 $F=22\,351.7$，概率 $P\{F>22\,351.7\}<0.000\,1<\alpha=0.01$，故回归方程显著。

$$y_4 = 77.48168 - 0.03446x_1 - 0.10241x_2 + 0.20516x_3 - 0.02083x_4 - 0.01183x_5 + 0.00595x_6 + 0.14492x_7 + 0.07655x_8$$

复相关系数 $R^2 = 0.9999$，均方误差 $RMSE = 0.03159$，方程显著性检验 $F = 25582.6$，概率 $P\{F > 25582.6\} < 0.0001 < \alpha = 0.01$，故回归方程显著。

$$y_5 = 132.97477 + 0.0005333x_1 + 0.24329x_2 - 0.06455x_3 - 0.04113x_4 - 0.06522x_5 + 0.07034x_6 - 0.00426x_7 - 0.00891x_8$$

复相关系数 $R^2 = 0.9996$，均方误差 $RMSE = 0.03273$，方程显著性检验 $F = 6971.8$，概率 $P\{F > 6971.8\} < 0.0001 < \alpha = 0.01$，故回归方程显著。

$$y_6 = 120.66328 + 0.23781x_1 - 0.06017x_2 - 0.07787x_3 + 0.09298x_4 + 0.0469x_5 + 0.00007808x_6 + 0.16593x_7 + 0.00068679x_8$$

复相关系数 $R^2 = 0.9998$，均方误差 $RMSE = 0.03728$，方程显著性检验 $F = 17454.5$，概率 $P\{F > 17454.5\} < 0.0001 < \alpha = 0.01$，故回归方程显著。

利用上面 6 个回归方程中 8 个机组的出力，可以估计 6 条线路的潮流值为检验效果，比较方案 0 的原始潮流值及预测值，结果见表 2.20。

表 2.20　6 条线路原始潮流值与预测潮流值

线路	1	2	3	4	5	6
原始值	164.78	140.87	−144.25	119.09	135.44	157.69
预测值	164.712 0	140.823 8	−144.205 1	119.041 2	135.380 3	157.620 6
相对误差	0.041 3%	0.032 8%	0.031 2%	0.041 0%	0.044 1%	0.044 0%

表中预测值相对原始值的相对误差最大不超过 0.044 1%，说明预测得相当好。

对线性回归方程，复相关系数 R^2 反映自变量 $x_1, x_2, x_3, \cdots, x_8$ 表达因变量 $y_1, y_2, y_3, \cdots, y_6$ 的能力，其值越大(最大不超过 1)说明回归越好，从上面 6 个回归方程来看，其复相关系数 R^2 都不低于 0.999 5，说明每个方程都回归得相当好。

均方误差 $RMSE$ 反映回归的残差大小，越小表示回归越好，而上面 6 个回归方程的 $RMSE$ 最大不超过 0.037 28，相对误差最大不超过 0.044 1 %，说明 6 个方程从残差来看回归得很好。

从方程显著性的 F 检验来看，每个检验犯第一类错误概率均低于 0.000 1，远低于通常的检验水平 $\alpha = 0.01$，说明 6 个方程都回归显著。

综合上面的复相关系数 R^2，均方误差 $RMSE$，显著性检验和对原方案 0 的预测能力来看，6 个回归方程都回归得很好，从数学的角度说明真实地反映了 6 条线路与 8 个机组出力的函数关系。

MATLAB 实现程序如下：

```
% 围绕方案 0 的 32 组实验数据(8 台机组出力)
x = [133.02    73    180    80    125    125    81.1    90
     129.63    73    180    80    125    125    81.1    90
     158.77    73    180    80    125    125    81.1    90
```

```
145.32   73      180     80      125     125     81.1   90
120      78.596  180     80      125     125     81.1   90
120      75.45   180     80      125     125     81.1   90
120      90.487  180     80      125     125     81.1   90
120      83.848  180     80      125     125     81.1   90
120      73      231.39  80      125     125     81.1   90
120      73      198.48  80      125     125     81.1   90
120      73      212.64  80      125     125     81.1   90
120      73      190.55  80      125     125     81.1   90
120      73      180     75.857  125     125     81.1   90
120      73      180     65.958  125     125     81.1   90
120      73      180     87.258  125     125     81.1   90
120      73      180     97.824  125     125     81.1   90
120      73      180     80      150.71  125     81.1   90
120      73      180     80      141.58  125     81.1   90
120      73      180     80      132.37  125     81.1   90
120      73      180     80      156.93  125     81.1   90
120      73      180     80      125     138.88  81.1   90
120      73      180     80      125     131.21  81.1   90
120      73      180     80      125     141.71  81.1   90
120      73      180     80      125     149.29  81.1   90
120      73      180     80      125     125     60.582 90
120      73      180     80      125     125     70.962 90
120      73      180     80      125     125     64.854 90
120      73      180     80      125     125     75.529 90
120      73      180     80      125     125     81.1   104.84
120      73      180     80      125     125     81.1   111.22
120      73      180     80      125     125     81.1   98.092
120      73      180     80      125     125     81.1   120.44 ];
% 围绕方案 0 的 32 组实验数据(6 条线路的潮流值)
y =[165.81  140.13  -145.14  118.63  135.37  160.76
```

```
165.51  140.25  -144.92  118.7   135.33  159.98
167.93  138.71  -146.91  117.72  135.41  166.81
166.79  139.45  -145.92  118.13  135.41  163.64
164.94  141.5   -143.84  118.43  136.72  157.22
164.8   141.13  -144.07  118.82  136.02  157.5
165.59  143.03  -143.16  117.24  139.66  156.59
165.21  142.28  -143.49  117.96  137.98  156.96
167.43  140.82  -152.26  129.58  132.04  153.6
165.71  140.82  -147.08  122.85  134.21  156.23
166.45  140.82  -149.33  125.75  133.28  155.09
165.23  140.85  -145.82  121.16  134.75  156.77
164.23  140.73  -144.18  119.12  135.57  157.2
163.04  140.34  -144.03  119.31  135.97  156.31
165.54  141.1   -144.32  118.84  135.06  158.26
166.88  141.4   -144.34  118.67  134.67  159.28
164.07  143.03  -140.97  118.75  133.75  158.83
164.27  142.29  -142.15  118.85  134.27  158.37
164.57  141.44  -143.3   119     134.88  158.01
163.89  143.61  -140.25  118.64  133.28  159.12
166.35  139.29  -144.2   119.1   136.33  157.59
165.54  140.14  -144.19  119.09  135.81  157.67
166.75  138.95  -144.17  119.15  136.55  157.59
167.69  138.07  -144.14  119.19  137.11  157.65
162.21  141.21  -144.13  116.03  135.5   154.26
163.54  141     -144.16  117.56  135.44  155.93
162.7   141.14  -144.21  116.74  135.4   154.88
164.06  140.94  -144.18  118.24  135.4   156.68
164.66  142.27  -147.2   120.21  135.28  157.65
164.7   142.94  -148.45  120.68  135.16  157.63
164.67  141.56  -145.88  119.68  135.29  157.61
164.69  143.84  -150.34  121.34  135.12  157.64];
x0 = [120.73,180,80,125,125,81.1,90]; % 方案 0 的 8 台机组出力
y0 = [164.78,140.87,-144.25,119.09,135.44,157.69];
% 方案 0 的 6 条线路的潮流值
yp = zeros(6,1);
err = zeros(6,1);
X = [ones(32,1),x];
alpha = 0.05;
```

```
for i = 1:6   % 考虑 6 条线路分别进行回归分析
      Y = y(:,i); % 获得第 i 条线路潮流值
  [b,bint,r,rint,stats] = regress(Y,X,alpha);% 回归函数

   fprintf('第 %2d 条线路回归方程参数:\n',i);
   fprintf('系数:');
   for k = 1:9    fprintf('%8.5f ',b(k));   end ;  fprintf('\n');
   fprintf(' 统 计 量 值 R^2 = %8.4f,F = %8.4f,p = %8.5f\n',stats(1),stats(2),
stats(3));
   temp = b(2:9);
   yp(i) = b(1) + sum(temp. * x0);% 计算方案 0 中对第 i 条线路潮流预测值
   err(i) = abs(yp(i) - y0(i))/abs(y0(i)) * 100; % 计算预测相对误差的百分比
end
fprintf('方案 0 的原始值,预测值,相对误差百分比:\n');
for i = 1 : 6
     fprintf('%8.4f   %8.4f   %8.4f\n',y0(i),yp(i),err(i));
end
```

实验十八　数字水印实验

一、数字水印简介

随着数字技术和 Internet 技术的发展,各种形式的多媒体数字作品纷纷以网络途径传播,然而数字作品的便利性和不安全性是并存的。它可以低成本、高速度地被复制和传播,这样就为创造者和使用者都提供了很大的便利。但这些特性也容易被盗版者所利用,因而采取多种手段对数字作品进行保护,对侵权者进行惩罚已经成为十分迫切的工作。除了与传统的版权保护相类似的法律和管理手段之外,还应该针对数字作品本身的特点为其提供技术上的保护。数字水印技术就是在这种应用要求下迅速发展起来的。

数字水印是一种有效的数字产品版权保护和数据安全维护技术,是信息隐藏技术研究领域的一个重要分支。它将具有特定意义的标记(水印),利用数字嵌入的方法隐藏在图像、声音、文档、图书、视频等数字产品中,用以证明创作者对其作品的所有权,并作为鉴定、起诉非法侵权行为的证据,同时通过对水印的检测和分析来保证数字信息的完整性可靠性,从而成为知识产权保护和数字多媒体防伪的有效手段。数字水印一般具有如下特点:

(1) 可证明性:水印应能为受到版权保护的信息产品的归属提供完全可靠的证据。水印算法能够将所有者的有关信息(如注册的用户号码、产品标志或有意义的文字等) 嵌入到被保护的对象中,并在需要的时候将这些信息提取出来。水印可以用来判别对象是否受到保护,并能够监视被保护数据的传播、真伪鉴别以及非法拷贝控制等。这实际上也是发展水印技术的基本动力。

(2) 不可感知性:不可感知性是指视觉或听觉上的不可感知性,即指因嵌入水印导致载体

数据的变换对于观察者的视觉或听觉系统来讲应该是不可察觉的，最理想的情况是水印与原始载体在视觉上是一模一样的，这是绝大多数水印算法所应达到的要求。

(3) 稳健性：稳健性是指水印应该能够承受大量的物理和几何失真，包括有意的（如恶意攻击）或无意的（如图像压缩、滤波、打印、扫描与复印、噪声污染、尺寸变换等等）。显然在经过这些操作后，稳健的水印算法应仍能从水印载体中提取出嵌入的水印或证明水印的存在。一个鲁棒的水印应做到攻击者试图删除水印将会导致水印载体的彻底破坏。

本节讨论的是一种基于矩阵奇异值分解的数字水印技术。

二、基于矩阵奇异值分解的数字水印技术

定义 1　对于 $N \times N$ 矩阵 $\boldsymbol{A}$，有 N 个标量 $\lambda_i (i = 1,2,3,\cdots,N)$ 满足

$$|\boldsymbol{A} - \lambda_i \boldsymbol{I}| = 0$$

则称这一组 λ_i 为矩阵 $\boldsymbol{A}$ 唯一的特征值。

定义 2　如果存在这样一个 $N \times 1$ 的向量 $\boldsymbol{V}_i$，有

$$\boldsymbol{A}\boldsymbol{V}_i = \lambda_i \boldsymbol{V}_i$$

则称 $\boldsymbol{V}_i$ 为 $\boldsymbol{A}$ 的与特征值 λ_i 对应的一个特征向量。$\boldsymbol{A}$ 一共有 N 个特征向量。

定义 3(矩阵奇异值分解)　矩阵的奇异值分解（Singular Value Decomposition，简称 SVD）是矩阵所固有的特征，设矩阵 $\boldsymbol{A} \in \boldsymbol{R}^{m\times n}$，$\mathrm{rank}(\boldsymbol{A}) = r, r \leqslant n$，那么矩阵 $\boldsymbol{A}$ 的奇异值分解定义如下：

$$\boldsymbol{A} = \boldsymbol{UDV}^{\mathrm{T}} =$$

$$[u_1, u_2, u_3, \cdots, u_m] \begin{bmatrix} \sigma_1 & 0 & \cdots & 0 & \cdots & 0 \\ 0 & \sigma_2 & \cdots & 0 & \cdots & 0 \\ & & \ddots & & & \\ 0 & 0 & \cdots & \sigma_r & \cdots & 0 \\ \vdots & \vdots & & \vdots & & \vdots \\ 0 & 0 & 0 & \cdots & 0 & \end{bmatrix}_{m\times n} [v_1, v_2, v_3, \cdots, v_n]^{\mathrm{T}} = \sum_{i=1}^{r} \sigma_i u_i v_i$$

其中，$\boldsymbol{U} = [u_1, u_2, u_3, \cdots, u_m] \in \boldsymbol{R}^{m\times m}$ 和 $\boldsymbol{V} = [v_1, v_2, v_3, \cdots, v_n] \in \boldsymbol{R}^{n\times n}$ 是正交矩阵，其列向量分别为 $\boldsymbol{u}_i$ 和 $\boldsymbol{v}_i$；$\boldsymbol{U}, \boldsymbol{V}$ 分别称为矩阵 $\boldsymbol{A}$ 的左奇异矩阵和右奇异矩阵；$\boldsymbol{D}$ 是对角阵；$\sigma_i (i = 1,2,3,\cdots,r)$ 称做矩阵 $\boldsymbol{A}$ 的奇异值，此处是 $\boldsymbol{AA}^{\mathrm{T}}$ 或 $\boldsymbol{A}^{\mathrm{T}}\boldsymbol{A}$ 的特征值 λ_i 的正平方根，满足 $\sigma_1 \geqslant \sigma_2 \geqslant \sigma_3 \geqslant \cdots \geqslant \sigma_r > \sigma_{r+1} = \cdots = \sigma_m = 0$。矩阵奇异值具有很好的稳定性，当矩阵 $\boldsymbol{A}$ 有微小振动时，其奇异值的改变不会大于振动矩阵的 2 － 范数。若矩阵奇异值经过归一化处理，则可实现奇异值的比例不变性。另外，矩阵奇异值还具有旋转不变性，因此，奇异值能有效地反映矩阵的特征，在图像处理中能表现图像的代数特性。矩阵 SVD 分解在一定程度上可以用来进行图像压缩，对于图像分解得到的奇异值矩阵 $\boldsymbol{\Sigma}$，将其较小的一些对角元素清为 0，再进行 SVD 反变换即可完成图像的有损压缩.

SVD 方法的基本原理是将水印嵌入到图像矩阵的奇异值中。在水印的嵌入过程中对图像矩阵 $\boldsymbol{A}_{m\times n}$ 的奇异值分解，得到两个正交矩阵 $\boldsymbol{U}, \boldsymbol{V}$ 及一个对角阵 $\boldsymbol{S}$。水印 $\boldsymbol{W} \in \boldsymbol{R}^{n\times n}$ 被叠加到矩阵 $\boldsymbol{S}$ 上，对新产生的矩阵 $\boldsymbol{S} + \alpha\boldsymbol{W}$ 进行奇异值分解，得到 $\boldsymbol{U}_1, \boldsymbol{S}_1$ 和 $\boldsymbol{V}_1$（$\boldsymbol{S} + \alpha\boldsymbol{W} = \boldsymbol{U}_1\boldsymbol{S}_1\boldsymbol{V}_1^{\mathrm{T}}$），其中常数 $\alpha > 0$ 调节水印的叠加强度。然后将矩阵 $\boldsymbol{U}, \boldsymbol{S}_1$ 和 $\boldsymbol{V}^{\mathrm{T}}$ 相乘，得到处理后的包含水印的图像 $\hat{\boldsymbol{A}}$。即如果矩阵 $\boldsymbol{A}$ 和 $\boldsymbol{W}$ 分别表示原始图像矩阵和水印，那么通过以下的 4 个步骤得到水印图 $\hat{\boldsymbol{A}}$：

(1) 将图像矩阵 $\boldsymbol{A}$ 进行奇异值分解。

$$\boldsymbol{A}=\boldsymbol{U}\boldsymbol{S}\boldsymbol{V}^{\mathrm{T}}$$

(2) 读取水印图像 $\boldsymbol{W}$，将其叠加到对角阵 $\boldsymbol{S}$ 上得到新矩阵 $\boldsymbol{S}'$。

$$\boldsymbol{S}'=\boldsymbol{S}+\alpha\boldsymbol{W}$$

(3) 将新矩阵 $\boldsymbol{S}'$ 进行奇异值分解。

$$\boldsymbol{S}'=\boldsymbol{U}_1\boldsymbol{S}_1\boldsymbol{V}_1^{\mathrm{T}}$$

(4) 得到含水印的图像。

$$\hat{\boldsymbol{A}}=\boldsymbol{U}\boldsymbol{S}_1\boldsymbol{V}^{\mathrm{T}}$$

在水印的检测过程中，如果给出矩阵 $\boldsymbol{U}_1,\boldsymbol{S},\boldsymbol{V}_1$ 和可能损坏的水印图像 $\boldsymbol{A}^*$，那么通过简单的逆过程就可以提取出可能已经失真的水印 $\boldsymbol{W}^*$，即：

(1) 可能损坏的水印图像 $\boldsymbol{A}^*$ 进行奇异值分解。

$$\boldsymbol{A}^*=\boldsymbol{U}^*\boldsymbol{S}_1^*\boldsymbol{V}^{*\mathrm{T}}$$

(2) 计算中间矩阵。

$$\boldsymbol{D}^*=\boldsymbol{U}_1\boldsymbol{S}_1^*\boldsymbol{V}_1^{\mathrm{T}}$$

(3) 获得水印图像。

$$\boldsymbol{W}^*=\frac{1}{\alpha}(\boldsymbol{D}^*-\boldsymbol{S})$$

计算提取的水印与原水印的相似系数，作为二者的相似程度，相似系数越接近 1 就越相似。图 2.20 所示为图像的水印对比图。

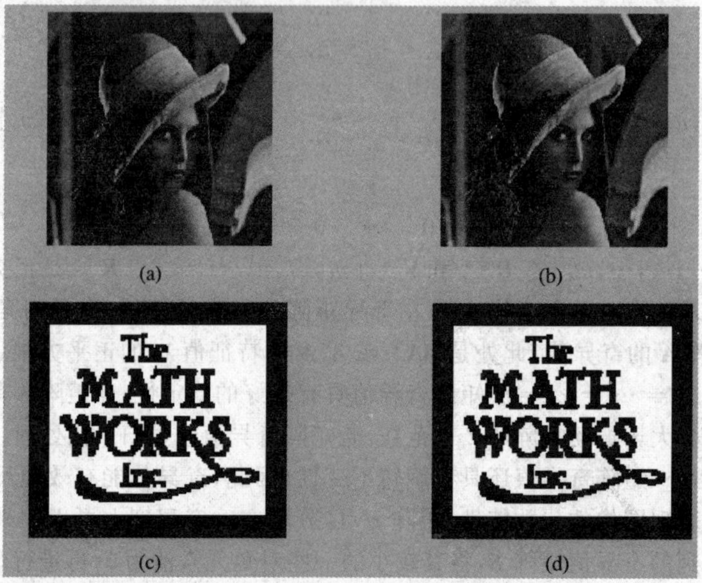

图 2.20　水印对比图

(a) 原图像；(b) 嵌入了水印后的图像；(c) 原始的水印；(d) 提取的水印

MATLAB 程序如下：

```
I = imread('lena256.bmp'); % 读入原图
II = im2double(I);  % 转化为[0,1)double 型  %II 为原图像
```

```
[m,n] = size(II);  % 原图像大小
af = 0.1;  % 嵌入强度
[U,S,V] = svd(II);  % 进行奇异值分解
M = imread('logo.tif');  % 读入水印图像
W = im2double(M);  % 转化为[0,1)double型
[m1,n1] = size(W);
WW = zeros(m,n);
for i = 1:m1
    for j = 1:n1
        WW(i,j) = W(i,j);
    end
end
S1 = S+af*WW;% 加入水印后的对角阵
[U1,SS,V1] = svd(S1); % 再进行奇异值分解
CWI = U*SS*V';  % 嵌入水印后图像
subplot(2,2,1); imshow(II); title('原图像');  % 显示原图像
subplot(2,2,2);  imshow(CWI); title('嵌入了水印后图像');% 显示嵌入了水印后图像
% 提取水印
NCWI = zeros(size(CWI));
AA = randn(size(CWI));
NCWI = CWI+AA*0.01;  % 对含水印的图像加噪声
[UU,S2,VV] = svd(NCWI); % 对含有水印的图像进行奇异值分解
SN = U1*S2*V1';  % 计算中间矩阵
WN = (SN-S)/af;  % 提取水印
WNN = zeros(m1,n1);
for i = 1:m1
    for j = 1:n1
        WNN(i,j) = WN(i,j);
    end
end
subplot(2,2,3);imshow(W); title('原始的水印');
subplot(2,2,4);imshow(WNN); title('提取的水印');
NC = corrcoef(W,WNN);
nc = NC(1,2);
fprintf('原始水印和提取水印的相关系数:%5.4f\n',nc);
```

实验十九　神经网络实验

一、多层前向神经网络原理介绍

多层前向神经网络(MLP)是神经网络中的一种,它由一些最基本的神经元即节点组成,如图 2.21 所示就是这样一个网络。这种网络的结构如下:网络由分为不同层次的节点集合组成,每一层的节点输出到下一层节点,这些输出值由于连接不同而被放大、衰减或抑制。除了输入层外,每一节点的输入为前一层所有节点输出值的和。每一节点的激励输出值由节点输入、激励函数及偏置量决定。

如图 2.21 所示,输入模式的各分量作为第 i 层各节点的输入,这一节点的输出,或者完全等于它们的输入值,或由该层进行归一化处理,使该层的输出值都在 +1 或 −1 之间。

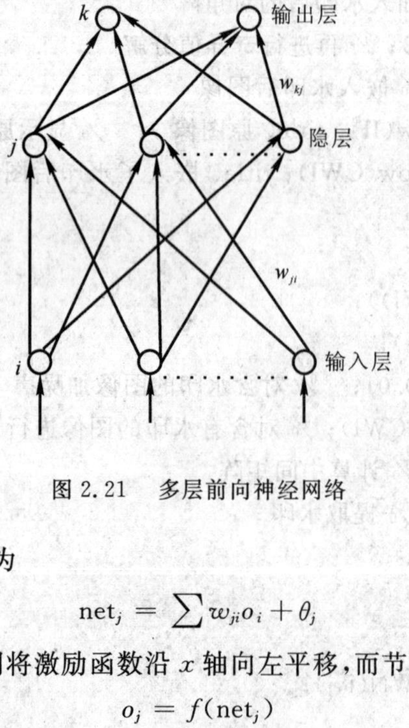

图 2.21　多层前向神经网络

在第 j 层,节点的输入值为

$$\mathrm{net}_j = \sum w_{ji} o_i + \theta_j$$

式中,θ_j 为阈值,正阈值的作用将激励函数沿 x 轴向左平移,而节点的输出值为

$$o_j = f(\mathrm{net}_j)$$

式中,f 为节点的激励函数,通常选择如下 Sigmoid 函数:

$$f(x) = \frac{1}{1 + \exp(-x)}$$

在第 k 层的网络节点输入为

$$\mathrm{net}_k = \sum w_{kj} o_j + \theta_k$$

而输出为

$$o_k = f(\mathrm{net}_k)$$

在网络学习阶段,网络输入为模式样本 $x_p = \{x_{pi}\}$,网络要修正自己的权值及各节点的阈值,使网络输出不断接近期望值 t_{pk},每做一次调整后,换一对输入与期望输出,再做一次调整,

直到满足所有样本的输入与输出间的对应。一般说来，系统输出值$\{o_{pk}\}$与期望输出值$\{t_{pk}\}$是不相等的。对每一个输入的模式样本，平方误差为

$$E_p = \frac{1}{2}\sum_k (t_{pk} - o_{pk})^2$$

而对于全部学习样本，系统的总误差为

$$E = \frac{1}{2p}\sum_p \sum_k (t_{pk} - o_{pk})^2$$

在学习过程中，系统将调整连接权和阈值，使 E_p 尽可能快地下降。

二、MATLAB 相关函数介绍

1. 网络初始化函数

$$\text{net} = \text{newff}([x_m, x_M], [h_1, h_2, \cdots, h_k], \{f_1, f_2, \cdots, f_k\})$$

其中，x_m 和 x_M 分别为列向量，分别存储各个样本输入数据的最小值和最大值；第 2 个输入变量是一个行向量，输入各层节点数；第 3 个输入变量是字符串，代表该层的传输函数。常用 tansig 和 logsig 函数。其中

$$\text{tansig}(x) = \frac{1 - e^{-2x}}{1 + e^{2x}}, \quad \text{logsig}(x) = \frac{1}{1 + e^{-x}}$$

除了用上面的方法给网络赋值外，还可以用下面格式设定参数，即

Net. trainParam. epochs = 1 000　设定迭代次数

Net. trainFcn = 'traingm'　设定带动量的梯度下降算法

2. 网络训练函数

$$[\text{net}, \text{tr}, \text{Y1}, \text{E}] = \text{train}(\text{net}, \text{X}, \text{Y})$$

其中，X 为 $n \times M$ 矩阵，n 为输入变量的个数，M 为样本数；Y 为 $m \times M$ 矩阵，m 为输出变量的个数。X，Y 分别存储样本的输入输出数据。net 为返回后的神经网络对象，tr 为训练跟踪数据，tr. perf 为各步目标函数值。Y1 为网络的最后输出，E1 为训练误差向量。

3. 网络泛化函数

$$\text{Y2} = \text{sim}(\text{net}, \text{X1})$$

其中，X1 为输入数据矩阵，各列为样本数据；Y2 为对应输出值。

三、神经网络实验

1. 函数仿真实验

产生下列函数在[0,10]区间上间隔为 0.5 的数据，与神经网络进行学习。然后推广到[0,10]上间隔为 0.1 上各点的函数值，并分别作出图形。

$$y = 0.2e^{-0.2x} + 0.5e^{-0.15x}\sin(1.25x) \quad 0 \leqslant x \leqslant 10$$

MATLAB 程序：

```
x = 0:0.5:10;
y = 0.2 * exp(-0.2 * x) + 0.5 * exp(-0.15 * x). * sin(1.25 * x);

plot(x,y)   % 画原始数据图
```

```
net.trainParam.epochs = 5000; % 设定迭代步数
net = newff([0,10],[6,1],{'tansig','tansig'}); % 初始化网络

net = train(net,x,y);  % 进行网络训练

x1 = 0:0.1:10;
y1 = sim(net,x1);  % 数据泛化

plot(x,y,'*',x1,y1,'r');  % 作对比图
```

由图 2.22 所示的原始与对比数据图可以看出，神经网络输出的值比原始数据的曲线光滑，说明神经网络对该函数的学习效果很好。

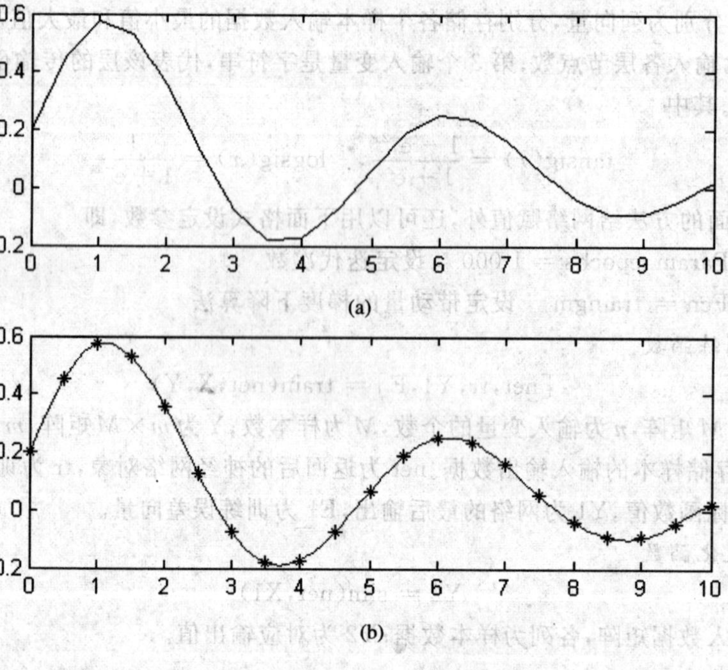

图 2.22 原始与对比数据图

(a) 原始数据图； (b) 对比数据图

四、蠓的分类(MCM89A)

有两种蠓 Af 和 Apf，根据它们的触角和翼长进行区分。现有 9 只 Af 和 6 只 Apf，样本数据如表 2.21、表 2.22 所示。

表 2.21 9 只 Af 的触角和翼长 单位：mm

触角	1.24	1.36	1.38	1.38	1.38	1.40	1.48	1.54	1.56
翼长	1.72	1.74	1.64	1.82	1.90	1.70	1.82	1.82	2.08

表 2.22　6 只 Apf 的触角和翼长　单位：mm

触角	1.14	1.18	1.20	1.26	1.28	1.30
翼长	1.78	1.96	1.86	2.0	2.0	1.96

另有 3 只待判的蠓，触角和翼长数据为：(1.24,1.80)，(1.28,1.84)，(1.40,2.04)。试对它们进行判断。

这里可用三层神经网络进行判别。

输入为 15 个二维向量，输出也为 15 个二维向量。其中 Af 对应的目标向量为(1,0)，Apf 对应的目标向量为(0,1)。原始数据图如图 2.23 所示。

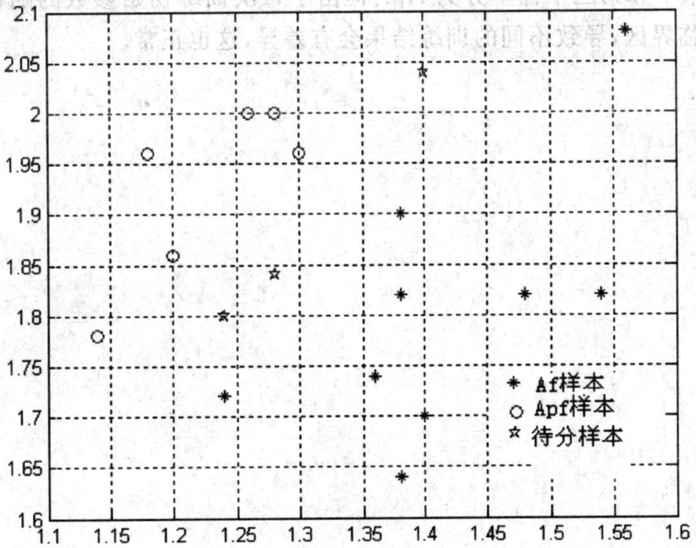

图 2.23　Af,Apf 及待分样本数据图

MATLAB 程序如下：

```
x = [1.24,1.36,1.38,1.38,1.38,1.40,1.48,1.54,1.56,1.14,1.18,1.20,1.26,1.28,1.30;
     1.72,1.74,1.64,1.82,1.90,1.70,1.82,1.82,2.08,1.78,1.96,1.86,2.0,2.0,1.96];
    y = [1,1,1,1,1,1,1,1,1,0,0,0,0,0,0;
         0,0,0,0,0,0,0,0,0,1,1,1,1,1,1];
    xmin1 = min(x(1,:)); % 求最小与最大值
    xmax1 = max(x(1,:));
    xmin2 = min(x(2,:));
    xmax2 = max(x(2,:));
    net.trainParam.epochs = 2500;   % 设定迭代步数
    net = newff([xmin1,xmax1;xmin2,xmax2],[5,2],{'logsig','logsig'}); % 初始化网络
    net = train(net,x,y);   % 进行网络训练
```

```
x1 = [1.24,1.28,1.40;
      1.80,1.84,2.04];% 待分样本
y1 = sim(net,x1);  % 数据泛化

plot(x(1,1:9),x(2,1:9),'*',x(1,10:15),x(2,10:15),'o',x1(1,:),x1(2,:),'p')  % 画原始数据图
```

三个样本输出值为：

```
y1 = 0.1235    0.8995    0.0037
     0.8785    0.0951    0.9986
```

以上两个分量中，若第 i 个分量越靠近 1，就判断其为第 i 类（$i=1,2$）。从该结果看，第二个样本分为 Af；而第一和第三个样本分为 Apf。但由于每次训练初始参数的随机性，另外待判 3 个样本在两类的临界区，导致不同的训练结果会有差异，这也正常。

第三部分　LINGO 软件使用简介及技巧

LINGO是一种专门用于求解数学规划问题的软件包。由于LINGO执行速度快，易于方便地输入、求解和分析数学规划问题，因此在教学、科研和工业界得到广泛应用。LINGO 主要用于求解线性规划、非线性规划、二次规划和整数规划等问题，也可以用于求解一些线性和非线性方程组及代数方程求根等。

本章介绍的 LINGO 可在 LINGO5.0，LINGO8.0，LINGO9.0 中使用。

第一节　LINGO 使用介绍

1. LINGO 编写格式

LINGO 模型以 MODEL 开始，以 END 结束。中间为语句，分为四大部分(SECTION)：

(1) 集合部分(SETS)。这部分以“SETS:”开始，以“ENDSETS”结束。这部分的作用在于定义必要的变量，便于后面编程进行大规模计算，就像C语言在程序的第一部分定义变量和数组一样，在 LINGO 中称为集合(SET) 及其元素(MEMBER 或 ELEMENT)，类似于数组的下标和属性(ATTRIBUTE，类似于数组)。

LINGO 中的集合有两类：一类是原始集合(PRIMITIVE SETS)，其定义的格式为

SETNAME/member list(or 1..n)/:

attribute，attribute，etc.

另一类是导出集合(DERIVED SETS)，即引用其他集合定义的集合，其定义的格式为

SETNAME(set1，set2，etc.)：attribute，attribute，etc.

如果要在程序中使用数组，就必须在该部分进行定义，否则可不需要该部分。

(2) 目标与约束。这部分定义了目标函数、约束条件等，一般要用到 LINGO 的内部函数，可在后面的具体应用中体会其功能与用法。求解优化问题时，该部分是必需的。

(3) 数据部分(DATA)。这部分以“DATA:”开始，以“ENDDATA”结束。其作用在于对集合的属性(数组) 输入必要的数值，格式为 attribut = value_list。该部分主要是方便数据的输入。

(4) 初始化部分(INIT)。这部分以“INIT:”开始，以“ENDINIT”结束。其作用在于对集合的属性(数组) 定义初值，格式为 attribute = value_list。由于非线性规划求解时，通常得到的是局部最优解，而局部最优解受输入的初值影响。通常可改变初值来得到不同的解，从而发现更好的解。

编写 LINGO 程序要注意的几点：

(1) 所有的语句除 SETS,ENDSETS,DATA,ENDDATA,INIT,ENDINIT 和 MODEL,END 之外,必须以一个分号“;”结尾。

(2) LINGO 求解非线性规划时已约定各变量非负。

2. LINGO 内部函数使用详解

LINGO 建立优化模型时可以引用大量的内部函数,这些函数以符号“@”开头。

(1) 常用数学函数。

@ABS(X):返回变量 X 的绝对数值。

@COS(X):返回 X 的余弦值,X 的单位为弧度。

@EXP(X):返回 e^x 的值,其中 e 为自然对数的底,即 2.718 28…

@FLOOR(X):向 0 靠近,返回 X 的整数部分。如 @FLOOR(3.7),则返回 3;@FLOOR(−3.7),则返回 −3。

@LGM(X):返回 Γ 函数的自然对数值。

@LOG(X):返回变量 X 的自然对数值。

@SIGN(X):返回变量 X 的符号值。当 X < 0 时为 −1;当 X > 0 时为 1。

@SIN(X):返回 X 的正弦值,X 的单位为弧度。

@SMAX(X1, X2,…, XN):返回一列值 X1, X2,…, XN 的最大值。

@SMIN(X1, X2,…, XN):返回一列值 X1, X2,…, XN 的最小值。

@TAN(X):返回 X 的正切值,X 的单位为弧度。

(2) 集合函数。集合函数的用法如下:

set_operator (set_name | condition:expression)

其中,set_operator 部分是集合函数名(见下),set_name 是数据集合名,expression 部分是表达式,| condition 部分是条件,用逻辑表达式描述(无条件时可省略)。逻辑表达式中可以有 3 种逻辑算符(#AND#(与),#OR#(或),#NOT#(非))和 6 种关系算符(#EQ#(等于),#NE#(不等于),#GT#(大于),#GE#(大于等于),#LT#(小于),#LE#(小于等于))。

常见的集合函数如下:

@FOR (set_name:constraint_expressions):对集合(set_name)的每个元素独立地生成约束,约束由约束表达式(constraint_expressions)描述。

@MAX(set_name:expression):返回集合上的表达式(expression)的最大值。

@MIN(set_name:expression):返回集合上的表达式(expression)的最小值。

@SUM(set_name:expression):返回集合上的表达式(expression)的和。

@SIZE(set_name):返回数据集 set_name 中包含元素的个数。

@IN(set_name,set_element):如果数据集 set_name 中包含元素 set_element 则返回 1,否则返回 0。

(3) 变量界定函数。变量函数对变量的取值范围附加限制,共有 4 种。

@BND(L,X,U):限制 L ≤ X ≤ U。

@BIN(X):限制 X 为 0 或 1。

@FREE(X):取消对 X 的符号限制(即可取任意实数值)。

@GIN(X):限制 X 为整数值。

第二节　LINGO 求解优化模型实验

(1) 某昼夜服务的公交路线每天各时间区段内需司机和乘务人员见表 3.1。设司机和乘务人员分别在各时间区段一开始上班，并连续工作 8 h，问该公交线路至少配备多少名司机和乘务人员？从第一班开始排，试建立线性模型。

表 3.1　班次表

班次	时间	最少需要人数
1	6:00 — 10:00	60
2	10:00 — 14:00	70
3	14:00 — 18:00	60
4	18:00 — 22:00	50
5	22:00 — 2:00	20
6	2:00 — 6:00	30

分析与解答　在每一时间段里上班的司机和乘务人员中，既包括在该时间段内开始时报到的人员，还包括在上一时间段工作的人员。因为每一时间段只有 4 h，而每个司乘人员却要连续工作 8 h，因此每班的人员应理解为该班次相应时间段开始时报到的人员。

设 x_i 为第 i 班应报到的人员($i = 1,2,3,\cdots,6$)，则应配备人员总数为

$$Z = \sum_{i=1}^{6} x_i$$

按所需人数最少的要求，可得到线性模型如下：

$$\min Z = \sum_{i=1}^{6} x_i$$

$$s.t.\begin{cases} x_1 + x_6 \geqslant 60 \\ x_1 + x_2 \geqslant 70 \\ x_2 + x_3 \geqslant 60 \\ x_3 + x_4 \geqslant 50 \\ x_4 + x_5 \geqslant 20 \\ x_5 + x_6 \geqslant 30 \\ x_1, x_2, x_3, \cdots, x_6 \geqslant 0 \end{cases}$$

LINGO 程序如下：

```
MODEL:
 min = x1 + x2 + x3 + x4 + x5 + x6;
  x1 + x6 >= 60;
  x1 + x2 >= 70;
  x2 + x3 >= 60;
  x3 + x4 >= 50;
```

```
  x4 + x5 >= 20;
  x5 + x6 >= 30;
END
```

得到的解为

x1 = 60,x2 = 10,x3 = 50,x4 = 0,x5 = 30,x6 = 0;

配备的司机和乘务人员最少为 150 人。

(2) 公司在各地有 4 项业务，选定了 4 位业务员去处理。由于业务能力、经验和其他情况不同，4 业务员去处理 4 项业务的费用各不相同，见表 3.2。应当怎样分派任务，才能使总的费用最小？

表 3.2　业务的费用表　　单位：元

业务员 \ 费用	1	2	3	4
1	1 100	800	1 000	700
2	600	500	300	800
3	400	800	1 000	900
4	1 100	1 000	500	700

分析与解答　这是一个最优指派问题，引入如下变量：

$$x_{ij}=\begin{cases}1 & \text{分派第 } i \text{ 个人做第 } j \text{ 项业务}\\ 0 & \text{不分派第 } i \text{ 个人做第 } j \text{ 项业务}\end{cases}$$

设矩阵 $\mathbf{A}_{4\times 4}$ 为指派矩阵，其中 $a(i,j)$ 为第 i 个业务员做第 j 项业务的业务费，则可以建立如下模型：

$$\min Z=\sum_{i=1}^{4}\sum_{j=1}^{4}a_{ij}x_{ij}$$

$$s.t.\begin{cases}\sum_{i=1}^{4}x_{ij}=1 & j=1,2,3,4\\ \sum_{j=1}^{4}x_{ij}=1 & i=1,2,3,4\\ x_{ij}=0 \text{ 或 } 1 & i,j=1,2,3,4\end{cases}$$

LINGO 程序如下：

```
MODEL:
SETS:
person/1..4/;
task/1..4/;
assign(person,task):a,x;
ENDSETS
DATA:
a = 1100,800,1000,700,
```

```
600,500,300,800,
400,800,1000,900,
1100,1000,500,700;
ENDDATA
min = @sum(assign:a * x);
@for(person(i):@sum(task(j):x(i,j)) = 1);
@for(task(j):@sum(person(i):x(i,j)) = 1);
@for(assign(i,j):@bin(x(i,j)));
END
```

得到的结果如下：

x(1,1) = 0,x(1,2) = 0,x(1,3) = 0,x(1,4) = 1;

x(2,1) = 0,x(2,2) = 1,x(2,3) = 0,x(2,4) = 0;

x(3,1) = 1,x(3,2) = 0,x(3,3) = 0,x(3,4) = 0;

x(4,1) = 0,x(4,2) = 0,x(4,3) = 1,x(4,4) = 0;

最小费用为 2 100 元。即第 1 个业务员做第 4 项业务，第 2 个业务员做第 2 项业务，第 3 个业务员做第 1 项业务，第 4 业务员做第 3 项业务，总费用达到最小，为 2 100 元。

LINGO 程序中输入的数据也可以从文本文件中读入，特别是数据比较多时，将程序与数据分开，显得更方便。例如，上面程序也可以这样写：

```
MODEL:
SETS:
person/1..4/;
task/1..4/;
assign(person,task):a,x;
ENDSETS
DATA:
a = @file(data.txt);
ENDDATA
min = @sum(assign:a * x);
@for(person(i):@sum(task(j):x(i,j)) = 1);
@for(task(j):@sum(person(i):x(i,j)) = 1);
@for(assign(i,j):@bin(x(i,j)));
END
```

同时在 LINGO 目录下建立文本文件 data.txt，数据如下：

```
1100,800,1000,700
600,500,300,800
400,800,1000,900
1100,1000,500,700
```

其计算结果与上面相同。

(3) 有 4 种资源被用于生产 3 种产品，资源量、产品单件可变费用、单件售价、资源单耗量及组织 3 种商品生产的固定费用见表 3.3。现要求制定一个生产计划，使总收益最大。

表 3.3 数据详细表

资源 \ 单耗量 \ 产品	Ⅰ	Ⅱ	Ⅲ	资源量
A	2	4	8	500
B	2	3	4	300
C	1	2	3	100
D	3	5	7	700
单件可变费用	4	6	12	
固定费用	100	150	200	
单件售价	7	10	20	

分析与解答 总收益等于销售收入减去生产产品的固定费用与可变费用之和。问题的困难之处在于事先不知道某种产品是否生产，因而不能确定是否有相应的固定费用。可引入用 0－1 变量来解决是否需要固定费用问题。

设 x_j 是第 j 种产品的产量，$j=1,2,3$；再设

$$y_j=\begin{cases}1 & 生产第\ j\ 种产品(x_j>0)\\ 0 & 不生产第\ j\ 种产品(x_j=0)\end{cases}\qquad j=1,2,3$$

第 Ⅰ 种产品销售一件可收入 $7-4=3$ 元，第 Ⅱ 种产品销售一件可收入 $10-6=4$ 元，第 Ⅲ 种产品销售一件可收入 $20-12=8$ 元。则问题的整数规划模型为

$$\max Z=3x_1+4x_2+8x_3-100y_1-150y_2-200y_3$$

$$s.t.\begin{cases}2x_1+4x_2+8x_3\leqslant 500\\ 2x_1+3x_2+4x_3\leqslant 300\\ x_1+2x_2+3x_3\leqslant 100\\ 3x_1+5x_2+7x_3\leqslant 700\\ x_1\leqslant M_1y_1\\ x_2\leqslant M_2y_2\\ x_3\leqslant M_3y_3\\ x_j\geqslant 0\ 且为整数,j=1,2,3\\ y_j=0\ 或\ 1,j=1,2,3\end{cases}$$

其中，M_j 为 x_j 的某个上界。根据第 2 个约束条件，可取 $M_1=150,M_2=100,M_3=75$，也可统一取其最大值 $M=150$。

如果生产第 j 种产品，则其产量 $x_j>0$。由约束条件 $x_j\leqslant M_jy_j$ 知 $y_j=1$，此时相应的生产第 j 种产品的固定费用在目标函数被考虑。如果不生产第 j 种产品，则其产量 $x_j=0$。由约束条件 $x_j\leqslant M_jy_j$ 知 y_j 可为 0 也可为 1。但显然只有 $y_j=0$ 有利于目标函数最大，从而相应的生产第 j 种产品的固定费用在目标函数将不被考虑，因此引入 y_j 是合理的。

LINGO 程序如下：

```
MODEL:
DATA:
M = 150;
ENDDATA
max = 3 * x1 + 4 * x2 + 8 * x3 - 100 * y1 - 150 * y2 - 200 * y3;!目标函数;
2 * x1 + 4 * x2 + 8 * x3 <= 500;
2 * x1 + 3 * x2 + 4 * x3 <= 300;
x1 + 2 * x2 + 3 * x3 <= 100;
3 * x1 + 5 * x2 + 7 * x3 <= 700;
x1 <= M * y1;
x2 <= M * y2;
x3 <= M * y3;
@GIN(x1);@GIN(x2);@GIN(x3);!指定产品件数为整数;
@BIN(y1);@BIN(y2);@BIN(y3);!指定 0-1 变量;
END
```

得到的解为 x1 = 100，x2 = 0，x3 = 0，y1 = 1，y2 = 0，y3 = 0。最大值为 Z = 200 元。

第三节　LINGO 调用 VC 编写的函数动态库实验

在工程或数学建模竞赛中，有时候需要用到复杂的非线性函数，这时候直接在 LINGO 里编写函数变得十分困难，甚至根本无法完成。这时候可以求助强大的 Visual C++ 编写该函数，然后用动态库的形式输出该函数供 LINGO 调用。下面通过一个实例详细讲述该方法。

某公司生产 *A*，*B* 和 *C* 3 种产品，售价分别是 12 元、7 元和 6 元。生产每件产品 *A* 需要 1 h 技术服务、10 h 直接劳动、3 kg 材料；生产每件产品 *B* 需要 2 h 技术服务、4 h 直接劳动、2 kg 材料；生产每件产品 *C* 需要 1 h 技术服务、5 h 直接劳动、1 kg 材料。现在最多能提供 100 h 技术服务、700 h 直接劳动、400 kg 材料。生产成本是非线性函数，见表 3.4。要求建立一个总利润最大的数学模型。

表 3.4　成本数据表

产品 *A*/ 件	成本 /(元 / 件)	产品 *B*/ 件	成本 /(元 / 件)	产品 *C*/ 件	成本 /(元 / 件)
0 ～ 40	10	0 ～ 50	6	0 ～ 100	5
41 ～ 100	9	51 ～ 100	4	100 以上	4
101 ～ 150	8	100 以上	3		
150 以上	7				

分析与求解

设生产产品 *A* x_1 件，生产产品 *B* x_2 件，生产产品 *C* x_3 件。问题的难点在于产品的成本是一个分段函数，难以用线性函数表达，因此可采用动态库编写一个专门的函数来计算成本。

设产品 A 每件的成本为 a 元，产品 B 每件的成本为 b 元，产品 C 每件的成本为 c 元，a,b,c 随 x_1,x_2,x_3 而改变。

目标函数为

$$\max Z = 12x_1 + 7x_2 + 6x_3 - (ax_1 + bx_2 + cx_3)$$

$$s.t.\begin{cases} x_1 + 2x_2 + x_3 \leqslant 100 \\ 10x_1 + 4x_2 + 5x_3 \leqslant 700 \\ 3x_1 + 2x_2 + x_3 \leqslant 400 \\ x_1,x_2,x_3 \geqslant 0 \text{ 且为整数} \end{cases}$$

其中，

$$a = \begin{cases} 10 & 0 \leqslant x_1 \leqslant 40 \\ 9 & 41 \leqslant x_1 \leqslant 100 \\ 8 & 101 \leqslant x_1 \leqslant 150 \\ 7 & x_1 > 150 \end{cases}$$

$$b = \begin{cases} 6 & 0 \leqslant x_2 \leqslant 50 \\ 4 & 51 \leqslant x_2 \leqslant 100 \\ 3 & x_2 > 100 \end{cases}$$

$$c = \begin{cases} 5 & 0 \leqslant x_3 \leqslant 100 \\ 4 & x_3 > 100 \end{cases}$$

由于目标函数是非线性的，且难以用一个式子表达，因此采用自己编写用户函数的方式来实现。这里先介绍 @USER 函数。

该函数允许用户自己编写函数。该函数应当用 C 或 FORTRAN 语言编写，返回值为用户计算的结果。从编程角度来看，@USER 函数包含两个参数：第一个用于指定参数的个数，第二个用于指定参数向量(类似于 C 语言中的 main(argc,argv) 的编写格式)。在 LINGO 中调用 @USER 时则直接指定对应的参数(类似 C 语言中的 main(argc,argv) 的执行格式)，该函数采用动态库编写。这里的例子采用 VC 编写动态库。注意动态库中该函数名固定为 MYUSER，在 LINGO 中调用时则固定外部函数名为 USER。

下面是 VC 中该动态库的编写过程：

(1) 启动 VC6.0，选择 File → New，启动 New 属性单，选择 Projects 页面，再选择 WIN32 Dynamic-Link Library。在右边 Project name 标签下的编辑框中任意输入一个工程名，如 CALC，点击 OK 命令按钮后就建立了一个新的空的工程。

(2) 选择 Project → Add to Project → New。在 New 属性单中选择 File 页面，在下面空白框中选择 C++ Source File，在右边 File 标签下的编辑框中输入一个文件名，如 CB。

(3) 编辑 C++ 程序 CB.CPP 如下：

```
#include < windows.h >
#include < string.h >
#include < stdio.h >
#include < stdlib.h >
#include < math.h >
#define N  3
```

```
#define DllExport extern "C" __declspec(dllexport)

 //该函数计算成本
DllExport void MYUSER(int* NumArgs,double *x,double *dResult)
{
 double sum;
 if(*NumArgs < N)
 { MessageBox(NULL,"输入变量不足","输入错误",MB_OK);
    *dResult =-1;
    exit(0);
 }
  sum = 0;
//产品 A 的成本计算
 if(x[0] >= 0&&x[0] <= 40) sum += 10*x[0];
 else if(x[0] >= 41&&x[1] <= 100)  sum += 9*x[0];
 else if(x[0] >= 101&&x[1] <= 150) sum += 8*x[0];
 else sum += 7*x[0];
  //产品 B 的成本计算
 if(x[1] >= 0&&x[1] <= 50) sum += 6*x[1];
 else if(x[1] >= 51&&x[1] <= 100) sum += 4*x[1];
 else sum += 3*x[1];
//产品 C 的成本计算
 if(x[2] >= 0&&x[2] <= 100) sum += 5*x[2];
 else sum += 4*x[2];
 *dResult = sum;  //返回成本总值
}
```

注意在程序中 MYUSER 函数的第一个整型变量 NumArgs 代表输入的变量个数。根据 LINGO 调用时输入的变量个数，可以在 C++ 程序内部得到输入变量的总数。第二个输入为向量 x，就是外部输入的变量。第三个变量 dResult 用于返回最后的计算结果。用 LINGO 调用时只需要输入各变量就行了，函数自动返回 C++ 程序计算的结果 dResult。

编好程序后，按 F7 运行后生成动态库 CALC. DLL，将其拷贝到 LINGO 目录下，并将文件名改名为 MYUSER. DLL。启动 LINGO，就可以通过外部函数 @USER 调用动态库中自己编写的函数。

LINGO 程序如下：

```
!采用动态库编写自己的函数;
MODEL:
max = 12*x1 + 7*x2 + 6*x3 - @USER(x1,x2,x3);!目标函数;
x1 + 2*x2 + x3 <= 100;  !技术服务的约束;
10*x1 + 4*x2 + 5*x3 <= 700; !直接劳动的约束;
```

```
3 * x1 + 2 * x2 + x3 <= 400;  !材料的约束;
@GIN(x1);
@GIN(x2);
@GIN(x3);
END
```

迭代 6 步得到局部最优解为 x1 = 70, x2 = 0, x3 = 0。总利润最大为 210 元。容易验证，该局部最优解也是全局最优解。

第四部分　问题扩展实验

实验二十　LINGO 求解 TSP 实验

巡回旅行商问题(Traveling Salesman Problem,TSP),也称为货郎担问题,最早可以追溯到 1759 年 Euler 提出的骑士旅行问题。1948 年,由美国兰德公司推动,TSP 成为近代组合优化领域的一个典型难题。它已经被证明属于 NP 难题。

用图论描述 TSP,给出一个图 $G=(V,E)$,每边 $e \in E$ 上有非负权值 $w(e)$,寻找 G 的 Hamilton 圈 C,使得 C 的总权 $W(C)=\sum w(e)$ 最小,$e \in E(C)$。

几十年来,出现了很多近似优化算法,如近邻法、贪心算法、最近插入法、最远插入法、模拟退火算法以及遗传算法。这里介绍利用 LINGO 软件进行求解的方法。

例 4.1　设有一个销售员从 10 个城市中的某一个城市出发,去其他 9 个城市推销产品。10 个城市相互距离如表 4.1 所示。要求每个城市到达一次且仅一次后,回到原出发城市。问:他应如何选择旅行路线,使总路程最短?

表 4.1　10 城市距离表

城市	1	2	3	4	5	6	7	8	9	10
1	0	7	4	5	8	6	12	13	11	18
2	7	0	3	10	9	14	5	14	17	17
3	4	3	0	5	9	10	21	8	27	12
4	5	10	5	0	14	9	10	9	23	16
5	8	9	9	14	0	7	8	7	20	19
6	6	14	10	9	7	0	13	5	25	13
7	12	5	21	10	8	13	0	23	21	18
8	13	14	8	9	7	5	23	0	18	12
9	11	17	27	23	20	25	21	18	0	16
10	18	17	12	16	19	13	18	12	16	0

分析与解答　现采用线性规划的方法求解。

方法一：设城市之间距离用矩阵 $\boldsymbol{d}$ 来表示，其中 $\boldsymbol{d}$ 为下三角矩阵，d_{ij} 表示城市 i 与城市 j 之间的距离。设 0－1 矩阵 $\boldsymbol{x}$ 用来表示经过的各城市之间的路线。设

$$x_{ij}=\begin{cases}0 & \text{若城市 } i \text{ 不到城市 } j\\ 1 & \text{若城市 } i \text{ 到城市 } j\end{cases}$$

则该 TSP 问题转化为如下线性模型：

$$\min Z=\sum_{i=2}^{n}\sum_{j=1}^{i-1}x_{ij}d_{ij}$$

$$s.t.\begin{cases}\sum\limits_{j>1}x_{j1}=2\\ \sum\limits_{k<i}x_{ik}+\sum\limits_{j>i}x_{ji}=2 \quad i=2,3,4,\cdots,n\\ x_{ij}=0 \text{ 或 } 1\end{cases}$$

LINGO 程序如下：

```
!TSP quesion;
MODEL:
SETS:
city/1..10/;
link(city,city) | &1#GT#&2:d,x;
ENDSETS
DATA:
d = 7
    4   3
    5   10  5
    8   9   9   14
    6   14  10  9   7
    12  5   21  10  8   13
    13  14  8   9   7   5   23
    11  17  27  23  20  25  21  18
    18  17  12  16  19  13  18  12  16;
ENDDATA
  MIN = @SUM(link:d * x);
  @SUM(city(j) | j#GT#1:x(j,1)) = 2;  !与第 1 个城市相连的有两个城市;
  !与第 i 个城市相连有两个城市;
  @FOR(city(i) | i#GT#1:@SUM(city(j) | j#GT#i:x(j,i)) +
                        @SUM(city(k) | k#LT#i:x(i,k)) = 2);
@FOR(link:@BIN(x));
```

得到的结果：$x(3,2)=1,x(4,1)=1,x(4,3)=1,x(6,5)=1,x(7,2)=1,x(7,5)=1,$

$x(8,6)=1,x(9,1)=1,x(10,8)=1,x(10,9)=1$。其他全为 0。

其最短路线为 $1\to4\to3\to2\to7\to5\to6\to8\to10\to9\to1$,最短距离为 77 km。

优缺点分析:该方法将 TSP 问题求解化为线性规划,采用 LINGO 软件求解。优点是求解速度极快;缺点是可能会形成一些子圈,无法真正得到最优解。

方法二:设城市之间距离用矩阵 $\boldsymbol{d}$ 来表示,d_{ij} 表示城市 i 与城市 j 之间的距离。设 0-1 矩阵 $\boldsymbol{x}$ 用来表示经过的各城市之间的路线。设

$$x_{ij}=\begin{cases}0 & \text{若城市 } i \text{ 不到城市 } j\\ 1 & \text{若城市 } i \text{ 到城市 } j\text{,且 } i \text{ 在 } j \text{ 前}\end{cases}$$

考虑每个城市后只有一个城市,则

$$\sum_{\substack{j=1\\ j\neq i}}^{n}x_{ij}=1\quad i=1,2,3,\cdots,n$$

考虑每个城市前只有一个城市,则

$$\sum_{\substack{i=1\\ i\neq j}}^{n}x_{ij}=1\quad j=1,2,3,\cdots,n$$

但仅有以上约束条件不能避免在一次遍历中产生多于一个互不连通回路。为此引入额外变量 $u_i(i=1,2,3,\cdots,n)$,附加以下充分约束条件,即

$$u_i-u_j+nx_{ij}\leqslant n-1,\quad 1<i\neq j\leqslant n$$

该约束的解释:①i 与 j 不会构成回路,若构成回路,有 $x_{ij}=1,x_{ji}=1$,则 $u_i-u_j\leqslant-1,u_j-u_i\leqslant-1$,从而有 $0\leqslant-2$,导致矛盾。②i,j 与 k 不会构成回路,若构成回路,有 $x_{ij}=1,x_{jk}=1,x_{ki}=1$,则 $u_i-u_j\leqslant-1,u_j-u_k\leqslant-1,u_k-u_i\leqslant-1$,从而有 $0\leqslant-3$,导致矛盾。其他情况依此类推。

于是可以得到如下的模型:

$$\text{s.t.}\begin{cases}\min Z=\sum\limits_{i,j=1}^{n}d_{ij}x_{ij}\\ \sum\limits_{\substack{i=1\\ i\neq j}}^{n}x_{ij}=1 & j=1,2,3,\cdots,n\\ \sum\limits_{\substack{j=1\\ j\neq i}}^{n}x_{ij}=1 & i=1,2,3,\cdots,n\\ u_i-u_j+nx_{ij}\leqslant n-1 & 1<i\neq j\leqslant n\\ x_{ij}=0\text{ 或 }1 & i,j==1,2,3,\cdots,n\\ u_i\text{ 为实数} & i=1,2,3,\cdots,n\end{cases}$$

LINGO 程序如下:

```
!TSP quesion;
MODEL:
SETS:
city/1..10/:u;
```

```
link(city,city):d,x;
ENDSETS
DATA:
d=0   7   4   5   8   6   12  13  11  18
  7   0   3   10  9   14  5   14  17  17
  4   3   0   5   9   10  21  8   27  12
  5   10  5   0   14  9   10  9   23  16
  8   9   9   14  0   7   8   7   20  19
  6   14  10  9   7   0   13  5   25  13
  12  5   21  10  8   13  0   23  21  18
  13  14  8   9   7   5   23  0   18  12
  11  17  27  23  20  25  21  18  0   16
  18  17  12  16  19  13  18  12  16  0;
ENDDATA
  MIN = @SUM(link:d * x);
  @for(city(j):@sum(city(i) | j#ne#i:x(i,j)) = 1); !城市j前有一个城市相连;
  @for(city(i):@sum(city(j) | j#ne#i:x(i,j)) = 1); !城市i前有一个城市相连;
  @for(link(i,j) | i#NE#j#and#i#gt#1:u(i) - u(j) + 10 * x(i,j) <= 9);
@FOR(link:@BIN(x));
END
```

该方法得到的解与方法一相同。

优缺点分析：优点是可以很好地解决圈问题，但对规模较大问题计算很耗时。

例4.2[①]　全民健身计划是1995年在国务院领导下，由国家体委会同有关部门、各群众组织和社会团体共同推行的一项依托社会、全民参与的体育健身计划，是与实现社会主义现代化目标相配套的社会系统工程和跨世纪的发展战略规划。现在，以全民健身为主要内容的群众性体育活动蓬勃开展，举国上下形成了全民健身的热潮，人民群众健康水平不断提高，同时也扩大了竞技体育的社会影响，提高了竞技体育水平。现在各级、各类、各种运动比赛比比皆是，这不但提高了全民的身体素质，而且使一批运动员脱颖而出，成为运动健将，为国家争得了荣誉。

在各种运动比赛中，为了使比赛公平、公正、合理地举行，一个基本要求是：在比赛项目排序过程中，尽可能使每个运动员不连续参加两项比赛，以便运动员恢复体力，发挥正常水平。

表4.2所示是某个小型运动会的比赛报名表。有14个比赛项目，40名运动员参加比赛。表中第1行表示14个比赛项目，第1列表示40名运动员，表中"#"号位置表示运动员参加此项比赛。建立此问题的数学模型，并且合理安排比赛项目顺序，使连续参加两项比赛的运动员人次尽可能地少。

① 例4.2为2005年电工杯B题比赛项目排序问题。

表 4.2　某小型运动会的比赛报名表

运动员 \ 项目	1	2	3	4	5	6	7	8	9	10	11	12	13	14
1		♯	♯						♯				♯	
2								♯			♯	♯		
3		♯		♯						♯				
4			♯					♯				♯		
5											♯		♯	♯
6					♯	♯								
7												♯	♯	
8										♯				♯
9		♯		♯						♯	♯			
10	♯	♯		♯			♯							
11		♯		♯									♯	♯
12								♯		♯				
13					♯					♯				♯
14			♯	♯				♯						
15			♯					♯				♯		
16									♯		♯	♯		
17						♯								♯
18							♯					♯		
19			♯							♯				
20	♯			♯										
21									♯					♯
22		♯			♯									
23							♯					♯		
24							♯	♯					♯	♯
25	♯	♯								♯				
26					♯									♯
27						♯					♯			

续 表

运动员 \ 项目	1	2	3	4	5	6	7	8	9	10	11	12	13	14
28		#						#						
29	#										#	#		
30				#	#									
31						#		#				#		
32							#			#				
33				#		#								
34	#		#										#	#
35					#	#						#		
36				#			#							
37	#								#	#				
38						#		#		#				#
39					#			#	#				#	
40						#	#		#				#	

分析与解答 若项目 i 和项目 j 相邻，可以计算出同时参加这两个项目的人数，作为 i 和 j 的距离 d_{ij}，则问题转化为求项目 1 到项目 14 的一个排列，使相邻距离和最小。由于 TSP 是一个圈，可以将这 14 个点按 TSP 问题求解。考虑起点和终点，则总共有 $C_{14}^2 = 180$ 种情况，分别进行求解就可以了。实际中只要找到最短回路，剪断回路中的最长边，不必考虑每一种情形。

距离矩阵 $\boldsymbol{d}$ 的求法：

该报名表用矩阵 $\boldsymbol{A}_{40\times 14}$ 表示。

$$a_{ij} = \begin{cases} 1 & \text{第 } i \text{ 个人参加项目 } j \\ 0 & \text{第 } i \text{ 个人不参加项目 } j \end{cases}$$

则

$$d_{ij} = \sum_{k=1}^{40} a_{ki} a_{kj} \quad i \neq j, i, j = 1, 2, 3, \cdots, 14$$

$$d_{ii} = 0 \quad i = 1, 2, 3, \cdots, 14$$

得到的距离矩阵 $\boldsymbol{d}$ 为

```
0  2  1  2  0  0  1  0  1  2  1  1  1  1
2  0  1  4  1  0  1  1  1  3  1  0  2  1
1  1  0  1  0  0  0  3  1  1  0  2  2  1
2  4  1  0  1  1  2  1  0  2  1  0  1  1
0  1  0  1  0  2  0  1  1  1  0  1  1  2
```

```
0  0  0  1  2  0  1  2  1  1  1  2  1  2
1  1  0  2  0  1  0  1  1  1  0  2  2  1
0  1  3  1  1  2  1  0  1  2  1  4  2  2
1  1  1  0  1  1  1  1  0  1  1  1  3  1
2  3  1  2  1  1  1  2  1  0  1  0  0  3
1  1  0  1  0  1  0  1  1  1  0  3  1  1
1  0  2  0  1  2  2  4  1  0  3  0  1  0
1  2  2  1  1  1  2  2  3  0  1  1  0  4
1  1  1  1  2  2  1  2  1  3  1  0  4  0
```

然后按照前面介绍的两种方法求解。

这里列出采用两种方法的 LINGO 程序及求解结果。

方法一程序如下：

```
!第一个问题的求解的程序：
!TSP quesion;
MODEL:
SETS:
item/1..14/;
link(item,item) | &1#GT#&2:d,x;
ENDSETS
DATA:
d = 2
    1  1
    2  4  1
    0  1  0  1
    0  0  0  1  2
    1  1  0  2  0  1
    0  1  3  1  1  2  1
    1  1  1  0  1  1  1  1
    2  3  1  2  1  1  1  2  1
    1  1  0  1  0  1  0  1  1  1
    1  0  2  0  1  2  2  4  1  0  3
    1  2  2  1  1  1  2  2  3  0  1  1
    1  1  1  1  2  2  1  2  1  3  1  0  4;
ENDDATA
  MIN = @SUM(link:d * x);
  @SUM(item(j) | j#GT#1:x(j,1)) = 2;  !与第 1 个项目相连的有两个项目;
  !与第 i 个项目相连有两个项目;
  @FOR(item(i) | i#GT#1:@SUM(item(j) | j#GT#i:x(j,i)) +
                      @SUM(item(k) | k#LT#i:x(i,k)) = 2);
```

```
@FOR(link:@BIN(x));
END
```

求解结果为：

目标 Z = 3

x(5,1) = 1 x(6,2) = 1 x(6,3) = 1 x(7,5) = 1 x(8,1) = 1 x(8,2) = 1

x(9,4) = 1 x(11,3) = 1 x(11,7) = 1 x(12,10) = 1 x(13,4) = 1 x(13,10) = 1

x(14,9) = 1 x(14,12) = 1

该结果表明有两个圈(见图 4.1),不符合要求。

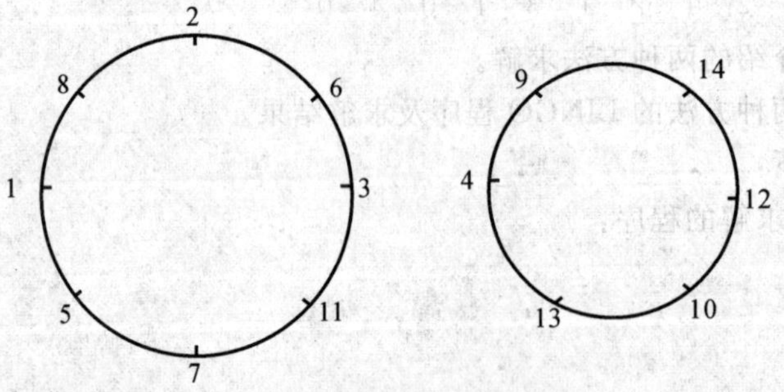

图 4.1 方法一解的图形表示

方法二程序如下：

```
!第一个问题的求解的程序：
!比赛项目排序问题；
MODEL:
SETS:
  item / 1.. 14/: u;
  link( item, item):dist,x;
ENDSETS
   n = @size( item);
DATA:  !距离矩阵；
dist =
0 2 1 2 0 0 1 0 1 2 1 1 1 1
2 0 1 4 1 0 1 1 1 3 1 0 2 1
1 1 0 1 0 0 0 3 1 1 0 2 2 1
2 4 1 0 1 1 2 1 0 2 1 0 1 1
0 1 0 1 0 2 0 1 1 1 0 1 1 2
0 0 0 1 2 0 1 2 1 1 1 2 1 2
1 1 0 2 0 1 0 1 1 1 0 2 2 1
0 1 3 1 1 2 1 0 1 2 1 4 2 2
1 1 1 0 1 1 1 1 0 1 1 1 3 1
2 3 1 2 1 1 1 2 1 0 1 0 0 3
```

```
1  1  0  1  0  1  0  1  1  1  0  3  1  1
1  0  2  0  1  2  2  4  1  0  3  0  1  0
1  2  2  1  1  1  2  2  3  0  1  1  0  4
1  1  1  1  2  2  1  2  1  3  1  0  4  0;
ENDDATA
 ! 目标函数;
  min=@sum( link: dist * x);
  @FOR(item(j):@sum( item(i) | i #ne# j: x( i, j))=1);
  @FOR(item(i):@sum( item(j) | j #ne# i: x(i, j))=1);
  ! 保证不出现子圈;
  @for(link(i,j) | I #GT# 1 #AND# I #NE# J#AND#j#GT#1:u(I)-u(J)+
n*x(I,J)<=n-1);
  ! 定义 X 为 0\1 变量;
  @for( link: @bin( x));
END
```

求解结果为(见图 4.2):

x(1,5)=1　x(2,14)=1　x(3,6)=1　x(4,9)=1　x(5,7)=1　x(6,2)=1

x(7,11)=1　x(8,1)=1　x(9,8)=1　x(10,13)=1　x(11,3)=1　x(12,10)=1

x(13,4)=1　x(14,12)=1

用链表示为:

$$2 \xrightarrow{0} 6 \xrightarrow{0} 3 \xrightarrow{0} 11 \xrightarrow{0} 7 \xrightarrow{0} 5 \xrightarrow{0} 1 \xrightarrow{0} 8 \xrightarrow{1} 9 \xrightarrow{0} 4 \xrightarrow{1} 13 \xrightarrow{0} 10 \xrightarrow{0} 12 \xrightarrow{0} 14 \xrightarrow{1} 2$$

此回路中有三条边的值为 1(回路中边的最大值),可以在(8,9),(2,14),(4,13) 中任意选择一条边剪开,可得最小目标值为 2。即有两名运动员连续参加比赛。

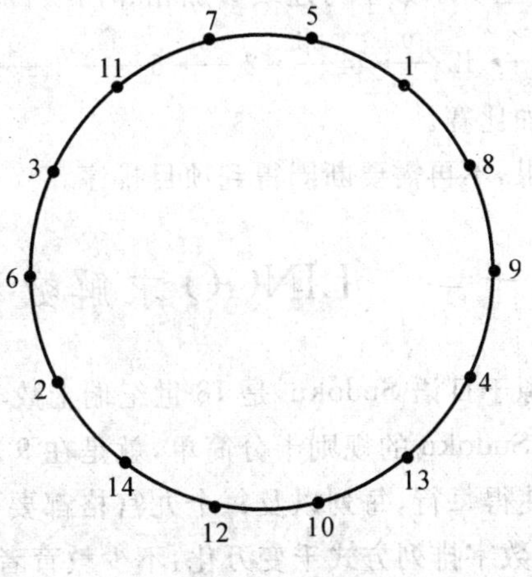

图 4.2　方法二解的图形表示

另外还可以考虑引入虚拟项目,引入方法三。

由于开始项目和结束项目没有连接，可考虑引入虚拟项目 15，该虚拟项目与各个项目的距离都为 0。这样输出的距离矩阵 $\boldsymbol{D}$ 变为：

0	2	1	2	0	0	1	0	1	2	1	1	1	1	0
2	0	1	4	1	0	1	1	1	3	1	0	2	1	0
1	1	0	1	0	0	0	3	1	1	0	2	2	1	0
2	4	1	0	1	1	2	1	0	2	1	0	1	1	0
0	1	0	1	0	2	0	1	1	1	0	1	1	2	0
0	0	0	1	2	0	1	2	1	1	1	2	1	2	0
1	1	0	2	0	1	0	1	1	1	0	2	2	1	0
0	1	3	1	1	2	1	0	1	2	1	4	2	2	0
1	1	1	0	1	1	1	1	0	1	1	1	3	1	0
2	3	1	2	1	1	1	2	1	0	1	0	0	3	0
1	1	0	1	0	1	0	1	1	1	0	3	1	1	0
1	0	2	0	1	2	2	4	1	0	3	0	1	0	0
1	2	2	1	1	1	2	2	3	0	1	1	0	4	0
1	1	1	1	2	2	1	2	1	3	1	0	4	0	0
0	0	0	0	0	0	0	0	0	0	0	0	0	0	0

然后按照前面介绍的方法二求解。得到 LINGO 结果如下：

目标值 Z＝2

x(1,8)＝1　x(2,6)＝1　x(3,11)＝1　x(4,13)＝1　x(5,1)＝1　x(6,3)＝1

x(7,5)＝1　x(8,15)＝1　x(9,4)＝1　x(10,12)＝1　x(11,7)＝1　x(12,14)＝1

x(13,10)＝1　x(14,2)＝1　x(15,9)＝1

由于 15 是虚拟项，去掉后对应序列为

9－4－13－10－12－14－2－6－3－11－7－5－1－8－9

项目排序如下，其中箭头上所示数字为连续参加相邻两项目的运动员数。

$$9 \xrightarrow{0} 4 \xrightarrow{1} 13 \xrightarrow{0} 10 \xrightarrow{0} 12 \xrightarrow{0} 14 \xrightarrow{1} 2 \xrightarrow{0} 6 \xrightarrow{0} 3 \xrightarrow{0} 11 \xrightarrow{0} 7 \xrightarrow{0} 5 \xrightarrow{0} 1 \xrightarrow{0} 8$$

即有两名运动员连续参加比赛。

该方法直接得到最终结果，不再需要断圈得到项目排序。

实验二十一　LINGO 求解数独实验

数独这个奇特的名字来源于日语 Sudoku，是 18 世纪瑞士数学家欧拉发明的，后在美国发展，并在日本得以发扬光大。Sudoku 的规则十分简单，就是在 9×9 的九宫格里面填数字，每个方格中填入合适的数字以使得每行、每列以及每个九宫格都要包含从 1～9 的数字且互不相同。数独的玩法逻辑简单，数字排列方式千变万化，不少教育者认为数独是锻炼脑筋的好方法。谜题中会预先填入若干数字，其他方格为空白，玩家得依谜题中的数字分布状况，逻辑推敲出剩下的空格里是什么数字。由于规则简单，在推敲之中完全不必用到数学计算，只须运用逻辑推理能力，所以无论男女老幼，人人都可以玩，而且容易上手、容易入迷。世界各地有很多数独俱乐部，还有国家如法国等专门举行过数独比赛，其风靡程度可见一斑。

目前求解数独的方法主要有两种，一种是基于计算机的回溯法或类似的全枚举方法，这种方法对小规模的问题还可以，对 25×25，36×36 及更大规模的问题就难以奏效了，而且该种方法没有体现出智能性。另一种方法就是基于人的思维，寻找求解的特殊技巧，如数独终结者软件分别总结了直观法和候选数法两大类，其中直观法有单元唯一法、单元排除法、区块排除法、唯一余数法、组合排除法、矩形排除法，候选数法有显式唯一法、隐式唯一法、区块删减法、显式数对法、显式三数集法、显式四数集法、隐式数对法、隐式三数集法、隐式四数集法、矩形对角线法、XY 形态匹配法、XYZ 形态匹配法、三链数删减法、WXYZ 形态匹配法。这些方法过分注重具体的技巧，缺乏一般性。本文试图从数独本身具有的性质出发，建立一些求解规则，根据规则设计算法进行求解，既避免了人人进行求解所使用的特殊技巧，又避免了计算机求解的完全枚举。将人的推理和计算的枚举能力结合起来，可以有效地提高求解速度。

目前比较流行的数独包括九宫数独、对角数独、数比数独、$m\times n$ 数独、锯齿数独、Killer 数独、Kakuro 数独。九宫数独是最原始和最常见的，将其规模扩大，则是 $m\times n$ 数独；如果增加两条对角线的限制，则是对角数独；如果考虑某些位置所填数之间的大小关系，则是数比数独；如果将九宫格的形状任意改变成不规则形状，则是锯齿数独；如果考虑数在某些区域的和，则是 Killer 数独；如果只考虑行列区域数字和，则是 Kakuro 数独。

这里研究九宫数独和 Kakuro 数独的的线性规划模型，并用 LINGO 进行求解。

一、九宫数独

九宫数独的规则十分简单，就是在 9×9 的九宫格里面填数字，每个方格中填入合适的数字以使得每行、每列以及每个九宫格都要包含从 $1\sim9$ 的数字且互不相同。数独的玩法逻辑简单，数字排列方式千变万化，图 4.3 就是一个典型的九宫数独谜题。而且该题难度极高，所有数独软件利用规则都无法解出（回溯法除外）。每个粗线框内为一个九宫格，要求每行、每列、每个九宫格里都填 $1\sim9$ 的不同数字。对一个合法的谜题来说，要求其解是唯一的。

对一般的九宫数独问题，建立通用的 0-1 整数规划如下：

设每个格子用 $(i,j)(i,j=1,2,3,\cdots,9)$ 表示该空格所在的行和列。建立决策变量为

$$x_{ijk}=\begin{cases}1 & \text{空格}(i,j)\text{处填}k\\0 & \text{空格}(i,j)\text{处不填}k\end{cases}\qquad i,j,k=1,2,3,\cdots,9$$

建立如下约束：

(1) 每个空格恰好填一个数字：

$$\sum_{k=1}^{9}x_{ijk}=1\quad(i,j=1,2,3,\cdots,9)$$

(2) 每行每个数字恰好填一次：

$$\sum_{j=1}^{9}x_{ijk}=1\quad(i,k=1,2,3,\cdots,9)$$

(3) 每列每个数字恰好填一次：

$$\sum_{i=1}^{9}x_{ijk}=1\quad(j,k=1,2,3,\cdots,9)$$

	1	2	3	4	5	6	7	8	9
A	1					7		9	
B		3			2				8
C			9	6			5		
D			5	3			9		
E		1			8				2
F	6					4			
G	3							1	
H		4							7
I			7				3		

图 4.3　九宫数独谜题

(4) 每个九宫格每个数字恰好填一次：

$$\sum_{(i,j)\in B_t}^{9} x_{ijk}=1 \quad (k=1,2,3,\cdots,9)$$

其中九宫格序号按从左到右，从上到下计。各区域 B_t 为：

当 $t=1$ 时，$1\leqslant i\leqslant 3,1\leqslant j\leqslant 3$；当 $t=2$ 时，$1\leqslant i\leqslant 3,4\leqslant j\leqslant 6$；

当 $t=3$ 时，$1\leqslant i\leqslant 3,7\leqslant j\leqslant 9$；当 $t=4$ 时，$4\leqslant i\leqslant 6,1\leqslant j\leqslant 3$；

当 $t=5$ 时，$4\leqslant i\leqslant 6,4\leqslant j\leqslant 6$；当 $t=6$ 时，$4\leqslant i\leqslant 6,7\leqslant j\leqslant 9$；

当 $t=7$ 时，$7\leqslant i\leqslant 9,1\leqslant j\leqslant 3$；当 $t=8$ 时，$7\leqslant i\leqslant 9,4\leqslant j\leqslant 6$；

当 $t=9$ 时，$7\leqslant i\leqslant 9,7\leqslant j\leqslant 9$。

可建立目标函数为

$$\min Z=\sum_{i=1}^{9}\sum_{j=1}^{9}\sum_{k=1}^{9}x_{ijk}$$

由此建立 0－1 规划模型为

$$\min Z=\sum_{i=1}^{9}\sum_{j=1}^{9}\sum_{k=1}^{9}x_{ijk}$$

$$
s.t.\begin{cases}
\sum_{k=1}^{9} x_{ijk}=1 & i,j=1,2,3,\cdots,9 \\
\sum_{j=1}^{9} x_{ijk}=1 & i,k=1,2,3,\cdots,9 \\
\sum_{i=1}^{9} x_{ijk}=1 & j,k=1,2,3,\cdots,9 \\
\sum_{(i,j)\in B_t}^{9} x_{ijk}=1 & t,k=1,2,3,\cdots,9 \\
x_{ijk}=0 \text{ 或 } 1 & i,j,k=1,2,3,\cdots,9
\end{cases}
$$

LINGO9 程序如下：

```
MODEL:
SETS:
number/1..9/;
line/1..9/;
col/1..9/;
link(line,col,number):x;
ENDSETS
DATA:
! 只输出大于 0 的值;
@text()=@writefor(link(i,j,k) | x(i,j,k)#GT#0:'x(',i,',',j,',',k,')=',x(i,j,k),'');
ENDDATA
max=@sum(link(i,j,k):x(i,j,k));! 建立目标函数;

 ! 每个空格需要填一个数;
@for(line(i):@for(col(j):@sum(number(k):x(i,j,k))=1));

! 每行每个数字填一次;
@for(line(i):@for(number(k):@sum(col(j):x(i,j,k))=1));

! 每列每个数字填一次;
@for(col(j):@for(number(k):@sum(line(i):x(i,j,k))=1));

 ! 每个九宫格每个数字填一次;
@for(number(k):@sum(line(i)    |    i#GE#1#and#i#LE#3:@sum(col(j)    |
j#GE#1#and#j#LE#3:x(i,j,k)))=1);
@for(number(k):@sum(line(i)    |    i#GE#1#and#i#LE#3:@sum(col(j)    |
j#GE#4#and#j#LE#6:x(i,j,k)))=1);
@for(number(k):@sum(line(i)    |    i#GE#1#and#i#LE#3:@sum(col(j)    |
j#GE#7#and#j#LE#9:x(i,j,k)))=1);
```

```
@for(number(k):@sum(line(i) | i#GE#4#and#i#LE#6:@sum(col(j) |
j#GE#1#and#j#LE#3:x(i,j,k)))=1);
@for(number(k):@sum(line(i) | i#GE#4#and#i#LE#6:@sum(col(j) |
j#GE#4#and#j#LE#6:x(i,j,k)))=1);
@for(number(k):@sum(line(i) | i#GE#4#and#i#LE#6:@sum(col(j) |
j#GE#7#and#j#LE#9:x(i,j,k)))=1);

@for(number(k):@sum(line(i) | i#GE#7#and#i#LE#9:@sum(col(j) |
j#GE#1#and#j#LE#3:x(i,j,k)))=1);
@for(number(k):@sum(line(i) | i#GE#7#and#i#LE#9:@sum(col(j) |
j#GE#4#and#j#LE#6:x(i,j,k)))=1);
@for(number(k):@sum(line(i) | i#GE#7#and#i#LE#9:@sum(col(j) |
j#GE#7#and#j#LE#9:x(i,j,k)))=1);

! 给出已知点;
x(1,1,1)=1;  x(1,6,7)=1;  x(1,8,9)=1;
x(2,2,3)=1;  x(2,5,2)=1;  x(2,9,8)=1;
x(3,3,9)=1;  x(3,4,6)=1;  x(3,7,5)=1;
x(4,3,5)=1;  x(4,4,3)=1;  x(4,7,9)=1;
x(5,2,1)=1;  x(5,5,8)=1;  x(5,9,2)=1;
x(6,1,6)=1;  x(6,6,4)=1;
x(7,1,3)=1;  x(7,8,1)=1;
x(8,2,4)=1;  x(8,9,7)=1;
x(9,3,7)=1;  x(9,7,3)=1;

! 0-1 变量约束;
@for(link(i,j,k):@bin(x(i,j,k)));
END
```

程序执行 2 s，总共迭代 5 208 步，比起一般难度的题，运算量和时间都要大得多，也从侧面反映了该数独题的难度。求解结果如下：

```
x(1,1,1)=1  x(1,2,6)=1  x(1,3,2)=1  x(1,4,8)=1  x(1,5,5)=1
x(1,6,7)=1  x(1,7,4)=1  x(1,8,9)=1  x(1,9,3)=1  x(2,1,5)=1
x(2,2,3)=1  x(2,3,4)=1  x(2,4,1)=1  x(2,5,2)=1  x(2,6,9)=1
x(2,7,6)=1  x(2,8,7)=1  x(2,9,8)=1  x(3,1,7)=1  x(3,2,8)=1
x(3,3,9)=1  x(3,4,6)=1  x(3,5,4)=1  x(3,6,3)=1  x(3,7,5)=1
x(3,8,2)=1  x(3,9,1)=1  x(4,1,4)=1  x(4,2,7)=1  x(4,3,5)=1
x(4,4,3)=1  x(4,5,1)=1  x(4,6,2)=1  x(4,7,9)=1  x(4,8,8)=1
x(4,9,6)=1  x(5,1,9)=1  x(5,2,1)=1  x(5,3,3)=1  x(5,4,5)=1
```

x(5,5,8)=1　x(5,6,6)=1　x(5,7,7)=1　x(5,8,4)=1　x(5,9,2)=1

x(6,1,6)=1　x(6,2,2)=1　x(6,3,8)=1　x(6,4,7)=1　x(6,5,9)=1

x(6,6,4)=1　x(6,7,1)=1　x(6,8,3)=1　x(6,9,5)=1　x(7,1,3)=1

x(7,2,5)=1　x(7,3,6)=1　x(7,4,4)=1　x(7,5,7)=1　x(7,6,8)=1

x(7,7,2)=1　x(7,8,1)=1　x(7,9,9)=1　x(8,1,2)=1　x(8,2,4)=1

x(8,3,1)=1　x(8,4,9)=1　x(8,5,3)=1　x(8,6,5)=1　x(8,7,8)=1

x(8,8,6)=1　x(8,9,7)=1　x(9,1,8)=1　x(9,2,9)=1　x(9,3,7)=1

x(9,4,2)=1　x(9,5,6)=1　x(9,6,1)=1　x(9,7,3)=1　x(9,8,5)=1

x(9,9,4)=1

解答用九宫图表示如图 4.4 所示。

	1	2	3	4	5	6	7	8	9
A	1	6	2	8	5	7	4	9	3
B	5	3	4	1	2	9	6	7	8
C	7	8	9	6	4	3	5	2	1
D	4	7	5	3	1	2	9	8	6
E	9	1	3	5	8	6	7	4	2
F	6	2	8	7	9	4	1	3	5
G	3	5	6	4	7	8	2	1	9
H	2	4	1	9	3	5	8	6	7
I	8	9	7	2	6	1	3	5	4

图 4.4　九宫数独谜题解答

程序中 @TEXT 函数用法帮助提示：

在本程序中，使用了 @TEXT 函数和 @writefor 函数来输出 0－1 数组 X 中只有为 1 的结果，以免大量输出不需要的 0 值不容易观察到结果。该函数在需要特定输出格式或输出需要的解时显得特别重要。因此掌握该函数的用法对编程者获得想要的结果大有裨益。

@TEXT 函数用于文本文件输出，通常只在数据段使用这个格式。该函数一般用法是：

@TEXT(filename) 用于数据段中将解答结果输出到文本文件 filename 中。Filename 可以包含完整的路径，没有指定路径时就在当前目录下生成。当省略 filename 时，结果就输出到屏幕中。如本程序中就将结果输出在 LINGO 的解答报表里。

输出的具体格式使用 @writefor 函数来实现。其格式为

@writefor(setname(set_index_list) | condition:obj1,…,objn)

如本程序中输出 x(i,j,k) ＞ 0 的数值。使用方法为：

DATA：

```
! 只输出大于 0 的值;
@text() = @writefor(link(i,j,k) | x(i,j,k) #GT# 0:'x(',i,',',j,',',k,') = ',x(i,j,k),
');
ENDDATA
```

要注意的是，以上两个函数只在 LINGO9.0 及以上版本中使用才有效。

二、Kakuro 数独

1. 规则

(1) 在空格中填入数字 1 ～ 9，数字 0 不能出现。

(2) 图 4.5 所示带斜线的方格中，斜线上方的数字等于该方格右面对应的一组水平空格里的数字之和；斜线下方的数字，等于该方格下面对应一组垂直空格里的数字之和。

(3) 同一数字在每组水平(垂直) 空格里只能出现一次。

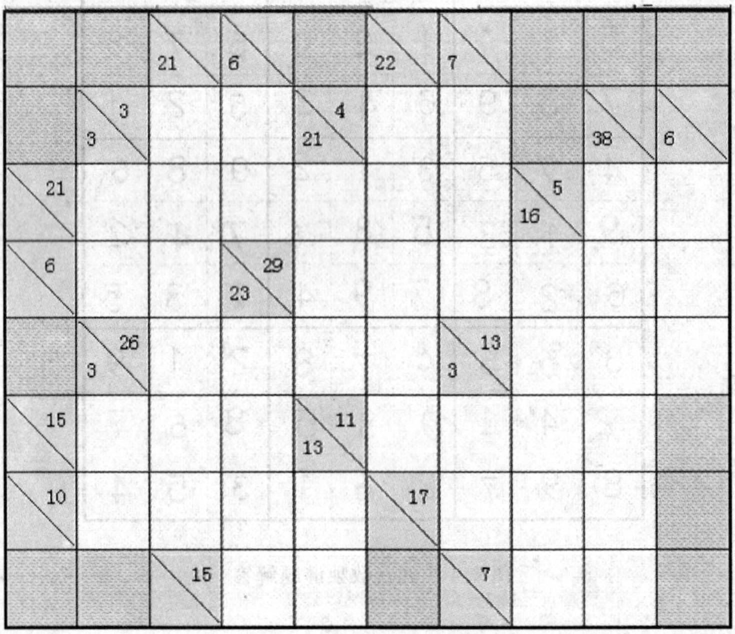

图 4.5　8 × 10 的 Kakuro 数独题

2. 线性规划模型的建立

设每个格子用坐标 (i,j) 描述，其中 i 代表行号，j 代表列号，从左上角开始计。为方便建立模型，给出行区和列区的定义。每一个斜线上方的数字对应一个行区，行区序号按从左向右，从上向下的顺序计。如(2,2) 格上方的 3 对应第 1 个行区，如(2,5) 格上方的 4 对应第 2 个行区，(3,1) 格上方的 21 对应第 3 个行区，依此类推进行排序。

每一个斜线下方的数字对应一个列区，列区序号按从上向下，从左向右的顺序计。如(2,2) 格下方的 3 对应第 1 个列区，如(5,2) 格下方的 3 对应第 2 个列区，(1,3) 格下方的 21 对应第 3 个列区，依此类推进行排序。

设共有 m 个行区，n 个列区，第 i 个行区数字和为 $a_i(i=1,2,3,\cdots,m)$，第 j 个列区数字和

为 $b_j(j=1,2,3,\cdots,n)$。设空格总数为 r 个，分别按照从左向右，从上向下顺序计，对应变量设为 x_{ik}。其中，

$$x_{ik}=\begin{cases}1 & \text{第 } i \text{ 个空格填 } k \\ 0 & \text{第 } i \text{ 个空格不填 } k\end{cases} \quad k=1,2,3,\cdots,9;i=1,2,3,\cdots,r$$

设第 i 个行区包含的空格号集合为 $A_i(i=,1,2,3,\cdots,m)$；第 j 个列区包含的空格号集合为 $B_j(j=1,2,3,\cdots,n)$。如 $A_1=\{1,2\}$，$A_2=\{3,4\}$，$A_3=\{5,6,7,8,9,10\}$；$B_1=\{5,11\}$。

按照 Kakuro 数独的要求建立以下约束：

(1) 每个空格必须填一个数字：

$$\sum_{k=1}^{9}x_{ik}=1 \quad i=1,2,3,\cdots,r$$

(2) 每个行区的数字互不相同，即每个数字在每个行区最多填一次：

$$\sum_{s\in A_i}x_{sk}\leqslant 1 \quad k=1,2,3,\cdots,9;i=1,2;3,\cdots,m$$

(3) 每个列区的数字互不相同，即每个数字在每个列区最多填一次：

$$\sum_{t\in B_j}x_{tk}\leqslant 1 \quad k=1,2,3,\cdots,9;j=1,2,3,\cdots,n$$

(4) 每个行区需要满足求和的要求：

$$\sum_{k=1}^{9}k\sum_{s\in A_i}x_{sk}=a_i \quad i=1,2,3,\cdots,m$$

(5) 每个列区需要满足求和的要求：

$$\sum_{k=1}^{9}k\sum_{t\in B_j}x_{ik}=b_j \quad i=1,2,3,\cdots,n$$

(6) 要求每个变量为 0－1 变量，则

$$x_{ik}=0 \text{ 或 } 1 \quad i=1,2,3,\cdots,r;k=1,2,3,\cdots,9$$

建立一个目标函数，如

$$\min Z=\sum_{i=1}^{r}\sum_{k=1}^{9}x_{ik}$$

或

$$\max Z=\sum_{i=1}^{r}\sum_{k=1}^{9}x_{ik}$$

对有唯一解的数独问题，其最大最小数值是相同的。因此，最后得到的 0－1 线性规划模型为

$$\min Z=\sum_{i=1}^{r}\sum_{k=1}^{9}x_{ik}$$

$$
s.t.\begin{cases}
\sum\limits_{k=1}^{9} x_{ik} = 1 & i=1,2,3,\cdots,r \\
\sum\limits_{s\in A_i} x_{sk} \leqslant 1 & k=1,2,3,\cdots,9;i=1,2,3,\cdots,m \\
\sum\limits_{t\in B_j} x_{tk} \leqslant 1 & k=1,2,3,\cdots,9;j=1,2,3,\cdots,n \\
\sum\limits_{k=1}^{9} k\sum\limits_{s\in A_i} x_{sk} = a_i & i=1,2,3,\cdots,m \\
\sum\limits_{k=1}^{9} k\sum\limits_{t\in B_j} x_{tk} = b_j & j=1,2,3,\cdots,n \\
x_{ik} = 0 \text{ 或 } 1 & i=1,2,3,\cdots,r;k=1,2,3,\cdots,9
\end{cases}
$$

图 4.5 所示为高难度级别的 Kakuro 数独问题，该问题有 45 个空格、14 个行区、13 个列区。先对各空格对应变量标号(见图 4.6)，然后建立模型。

		21\	6\		22\	7\			
	3\3	x1	x2	21\4	x3	x4		38\	6\
\21	x5	x6	x7	x8	x9	x10	16\5	x11	x12
\6	x13	x14	23\29	x15	x16	x17	x18	x19	x20
	3\26	x21	x22	x23	x24	3\13	x25	x26	x27
\15	x28	x29	x30	13\11	x31	x32	x33	x34	
\10	x35	x36	x37	x38	\17	x39	x40	x41	
		\15	x42	x43		\7	x44	x45	

图 4.6　设定变量后的 Kakuro 数独图

LINGO9.0 程序：

```
! 一个 8＊10 的 kakuro 数独;
MODEL:
SETS:
number/1..9/;
var/1..45/;
link(var,number):x;
ENDSETS
```

```
DATA:
! 只输出非0数;
@text() = @writefor(link(i,j) | x(i,j) #GT# 0:'x(',i,',',j,') =',x(i,j),' ');
ENDDATA
max = @sum(link(i,k):x(i,k)); ! 建立目标函数;

@for(var(i):@sum(number(k):x(i,k)) = 1); ! 每个空格需要填一个数;

! 各行区数字互不相同;
@for(number(k):x(1,k) + x(2,k) <= 1);

@for(number(k):x(3,k) + x(4,k) <= 1);
@for(number(k):x(5,k) + x(6,k) + x(7,k) + x(8,k) + x(9,k) + x(10,k) <= 1);

@for(number(k):x(11,k) + x(12,k) <= 1);
@for(number(k):x(13,k) + x(14,k) <= 1);
@for(number(k):x(15,k) + x(16,k) + x(17,k) + x(18,k) + x(19,k) + x(20,k) <=
1);
@for(number(k):x(21,k) + x(22,k) + x(23,k) + x(24,k) <= 1);
@for(number(k):x(25,k) + x(26,k) + x(27,k) <= 1);
@for(number(k):x(28,k) + x(29,k) + x(30,k) <= 1);
@for(number(k):x(31,k) + x(32,k) + x(33,k) + x(34,k) <= 1);
@for(number(k):x(35,k) + x(36,k) + x(37,k) + x(38,k) <= 1);
@for(number(k):x(39,k) + x(40,k) + x(41,k) <= 1);
@for(number(k):x(42,k) + x(43,k) <= 1);
@for(number(k):x(44,k) + x(45,k) <= 1);

! 行区的和约束;
@sum(number(k):k * (x(1,k) + x(2,k))) = 3;
@sum(number(k):k * (x(3,k) + x(4,k))) = 4;
@sum(number(k):k * (x(5,k) + x(6,k) + x(7,k) + x(8,k) + x(9,k) + x(10,k))) =
21;
@sum(number(k):k * (x(11,k) + x(12,k))) = 5;
@sum(number(k):k * (x(13,k) + x(14,k))) = 6;
@sum(number(k):k * (x(15,k) + x(16,k) + x(17,k) + x(18,k) + x(19,k) + x(20,
k))) = 29;
@sum(number(k):k * (x(21,k) + x(22,k) + x(23,k) + x(24,k))) = 26;
@sum(number(k):k * (x(25,k) + x(26,k) + x(27,k))) = 13;
@sum(number(k):k * (x(28,k) + x(29,k) + x(30,k))) = 15;
```

```
@sum(number(k):k*(x(31,k)+x(32,k)+x(33,k)+x(34,k)))=11;
@sum(number(k):k*(x(35,k)+x(36,k)+x(37,k)+x(38,k)))=10;
@sum(number(k):k*(x(39,k)+x(40,k)+x(41,k)))=17;
@sum(number(k):k*(x(42,k)+x(43,k)))=15;
@sum(number(k):k*(x(44,k)+x(45,k)))=7;

!各列区数字互不相同;
@for(number(k):x(5,k)+x(13,k)<=1);
@for(number(k):x(28,k)+x(35,k)<=1);
@for(number(k):x(1,k)+x(6,k)+x(14,k)+x(21,k)+x(29,k)+x(36,k)<=1);
@for(number(k):x(2,k)+x(7,k)<=1);
@for(number(k):x(22,k)+x(30,k)+x(37,k)+x(42,k)<=1);
@for(number(k):x(8,k)+x(15,k)+x(23,k)<=1);
@for(number(k):x(38,k)+x(43,k)<=1);
@for(number(k):x(3,k)+x(9,k)+x(16,k)+x(24,k)+x(31,k)<=1);
@for(number(k):x(4,k)+x(10,k)+x(17,k)<=1);
@for(number(k):x(32,k)+x(39,k)<=1);
@for(number(k):x(18,k)+x(25,k)+x(33,k)+x(40,k)+x(44,k)<=1);
@for(number(k):x(11,k)+x(19,k)+x(26,k)+x(34,k)+x(41,k)+x(45,k)<=
1);
@for(number(k):x(12,k)+x(20,k)+x(27,k)<=1);

!列区的和约束;
@sum(number(k):k*(x(5,k)+x(13,k)))=3;
@sum(number(k):k*(x(28,k)+x(35,k)))=3;
@sum(number(k):k*(x(1,k)+x(6,k)+x(14,k)+x(21,k)+x(29,k)+x(36,k)))= 21;
@sum(number(k):k*(x(2,k)+x(7,k)))=6;
@sum(number(k):k*(x(22,k)+x(30,k)+x(37,k)+x(42,k)))=23;
@sum(number(k):k*(x(8,k)+x(15,k)+x(23,k)))=21;
@sum(number(k):k*(x(38,k)+x(43,k)))=13;
@sum(number(k):k*(x(3,k)+x(9,k)+x(16,k)+x(24,k)+x(31,k)))=22;
@sum(number(k):k*(x(4,k)+x(10,k)+x(17,k)))=7;
@sum(number(k):k*(x(32,k)+x(39,k)))=3;
@sum(number(k):k*(x(18,k)+x(25,k)+x(33,k)+x(40,k)+x(44,k)))=16;
@sum(number(k):k*(x(11,k)+x(19,k)+x(26,k)+x(34,k)+x(41,k)+x(45,
k)))=38;
@sum(number(k):k*(x(12,k)+x(20,k)+x(27,k)))=6;

!0-1变量约束;
```

```
@for(link(i,k):@bin(x(i,k)));
END
```

使用 LINGO9.0 求解，迭代 2 730 次，花了 2 s 获得结果。

解答为：

x(1,2)=1　x(2,1)=1　x(3,3)=1　x(4,1)=1　x(5,1)=1　x(6,3)=1

x(7,5)=1　x(8,6)=1　x(9,4)=1　x(10,2)=1　x(11,3)=1　x(12,2)=1

x(13,2)=1　x(14,4)=1　x(15,8)=1　x(16,5)=1　x(17,4)=1　x(18,2)=1

x(19,7)=1　x(20,3)=1　x(21,6)=1　x(22,5)=1　x(23,7)=1　x(24,8)=1

x(25,4)=1　x(26,8)=1　x(27,1)=1　x(28,1)=1　x(29,5)=1　x(30,9)=1

x(31,2)=1　x(32,1)=1　x(33,3)=1　x(34,5)=1　x(35,2)=1　x(36,1)=1

x(37,3)=1　x(38,4)=1　x(39,2)=1　x(40,6)=1　x(41,9)=1　x(42,6)=1

x(43,9)=1　x(44,1)=1　x(45,6)=1

结果见图 4.7。

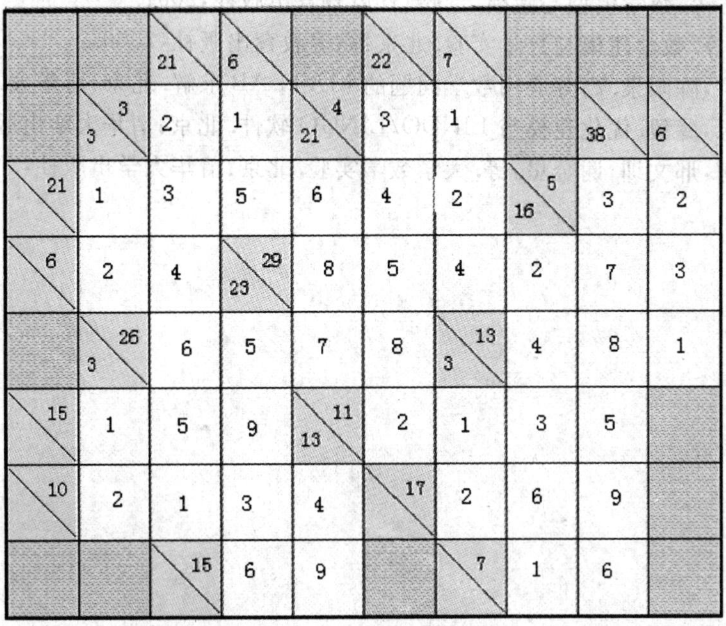

图 4.7　求解后的九宫图

参考文献

[1] 周义仓,赫孝良. 数学建模实验. 西安:西安交通大学出版社,1999.
[2] 姜启源,谢金星,叶俊. 数学模型. 3 版. 北京:高等教育出版社,2003.
[3] 刘来福,曾文艺. 数学模型与数学建模. 北京:北京师范大学出版社,1997.
[4] 姚恩瑜,何勇,陈仕平. 数学规划与组合优化. 杭州:浙江大学出版社,2001.
[5] 叶其孝. 大学生数学建模竞赛辅导教材(一). 长沙:湖南教育出版社,1998.
[6] 叶其孝. 大学生数学建模竞赛辅导教材(二). 长沙:湖南教育出版社,1998.
[7] 叶其孝. 大学生数学建模竞赛辅导教材(三). 长沙:湖南教育出版社,1998.
[8] 叶其孝. 大学生数学建模竞赛辅导教材(四). 长沙:湖南教育出版社,2001.
[9] 何万生,等. 数学模型与建模. 兰州:甘肃教育出版社,2001.
[10] 赵静,等. 数学建模与数学实验. 北京:高等教育出版社,2000.
[11] 薛定宇,陈阳泉. 高等应用数学问题的 MATLAB 求解. 北京:清华大学出版社,2004.
[12] 姜启源,薛毅. 优化建模与 LINDO/LINGO 软件. 北京:清华大学出版社,2005.
[13] 姜启源,邢文训,谢金星,等. 大学数学实验. 北京:清华大学出版社,2005.